辉浩◎著

远离郁闷，做快乐的自己

情绪管理

台海出版社

图书在版编目（CIP）数据

情绪管理：远离郁闷，做快乐的自己/辉浩著. —
北京：台海出版社，2018.12（2024.5 重印）
ISBN 978－7－5168－2167－1

Ⅰ. ①情… Ⅱ. ①辉… Ⅲ. ①情绪－自我控制 Ⅳ.
①B842.6

中国版本图书馆 CIP 数据核字（2018）第 259403 号

情绪管理：远离郁闷，做快乐的自己

著　　者：辉　浩

出 版 人：薛　原　　　　　　　封面设计：仙境设计
责任编辑：曹任云

出版发行：台海出版社
地　　址：北京市东城区景山东街 20 号　邮政编码：100009
电　　话：010－64041652（发行，邮购）
传　　真：010－84045799（总编室）
网　　址：www. taimeng. org. cn/thcbs/default. htm
E － mail：thcbs@ 126. com

经　　销：全国各地新华书店
印　　刷：三河市刚利印务有限公司
本书如有破损、缺页、装订错误，请与本社联系调换

开　　本：880 毫米×1230 毫米　　　　1/32
字　　数：191 千字　　　　　　　　　印　张：6.625
版　　次：2018 年 12 月第 1 版　　　印　次：2024 年 5 月第 2 次印刷
书　　号：ISBN 978－7－5168－2167－1

定　　价：38.00 元

前　言

当我们因为一些苦恼的事情感到失落甚至掉泪时，其实快乐就在身边朝我们微笑呢。

快乐是人生幸福和成功的密码。快乐是什么？身心的愉悦是快乐，情绪的欢畅也是快乐，生活中最美好的感受就是快乐。在社会中，每个人都希望自己可以非常快乐地生活，但是如果我们想让自己常常保持快乐估计会比较困难。

那个血雨腥风的时代早已成为过去式，和平、安宁的生活是常态。可遗憾的是，有非常多的人根本就没有轻松安逸过，更别说快乐了，生活中的各种压力他们都能感受到：有的人会为生活中一个无关紧要的小问题而闷闷不乐，有的人嘴里嚼着山珍海味却味同嚼蜡，有的人住在宽敞的房子里但是每天却提心吊胆，有的人躺在柔软的床上却常常夜不能寐，有的人驾驶着名牌汽车但是神情却非常冷漠，有的人腰缠万贯却一点儿都不高兴，有的人会因别人看似不经意间说出的一句话而暴跳如雷、拳脚相加，有的人甚至还会因为烦恼而去自杀……伴随着生活水平的慢慢提高，我们享受着高新技术带来的物质文明。这对我们来说，的确是件十分幸运而快乐的事情，因为就算是古代的王公贵族也从来没有享受过高新技术带来的方便和快乐，而身为普通人的我们却非常轻松地就享受到了。但人们也不是任何忧虑都没有，社会大众普遍感到竞争激烈、压力重重，有非常多的人陷入了亚健康状态。这种糟糕的状态就好像是一颗潜伏在体内的定时炸弹,随时都会爆炸。

腰缠万贯却整天愁眉苦脸,大权独揽却惶惶不可终日,每天忙忙碌碌也是一日三餐……人们想要的快乐到底是什么? 成功究竟意味着什么? 现代人对经济生活的重视程度远远比对自身精神和社会意义的追求要高,因此便出现了一些非常严重的社会问题,比如道德水平下滑、对外界的事物漠不关心……生活中的我们要重视精神因素的作用,否则会受到应有的惩罚。而检验幸福最重要的精神因素就是快乐,它在一定程度上决定了人生是否能够成功。

我们到底什么时候可以拥有快乐的生活,并可以让自己的一生愉快地度过呢? 一生快乐并不意味着时时刻刻都是非常快乐的,当我们面对困境时也会有心理的阴云,只是经过短暂的积淀之后马上就会变得乐观积极起来。这样,我们依然可以从生活中得到快乐,并用它的力量克服所有的困难。

快乐并不是面笑心苦,强作欢颜不是快乐,恶意的玩笑也带不来快乐。几个幽默故事、几句调侃、一味傻笑和别人的一些安慰劝说并不能带来真正的快乐。解铃还须系铃人,快乐最终还是要靠自己去寻找。

因为郁闷,一些本可以成为天才的人却做着非常平庸的工作;因为郁闷,许多人把大量的时间和精力耗费在了一些没有任何价值的事情上面。

世界上任何一个人都不会因为郁闷而获得好处,也没有一个人会因为郁闷而让自己糟糕的境遇得到改善,郁闷随时随地在损害着我们的健康、消耗着我们的精力、扰乱着我们的思想、降低着我们的工作效能,从而使我们的生活质量堪忧。

人生在世,其实是在为自己而活。活着,本身就是一种幸福。每个人来到这个世界上都非常不容易,所以,我们要珍惜活着的每一个日子,让每一天都能快乐充实地度过。

　　本书从剖析人们的郁闷根源开始，总结了一些世界上最有效、最适合人们摆脱郁闷情绪的快乐圣经——众多著名哲学大师的快乐思想精髓，其中有非常多的可让人颇感受益的快乐方法，旨在让你彻底摆脱掉烦恼的纠缠。

　　哈哈一笑不仅是一种幸福，更是人生成功的钥匙，把它抓住了，你将拥有一个快乐的人生。

目　录

第六章　面朝大海，春暖花开

第七章　撞了南墙要拐弯

第八章　和快乐做朋友

第一章

逃离郁闷的魔掌

　　每个人都有过郁闷的感觉。在生活中，人们常因一些琐事而陷入郁闷之中。但是，如果说要用明白的语言来说明郁闷究竟是怎么回事，也许很少有人能够对它做出具体的解释来。这里就为你介绍一下郁闷的特点，以便帮助你逃离郁闷的魔掌。

为什么会郁闷

郁闷对于所有人来说都是无法避免的，是一种不舒服的生理和心理活动，是一种不良情绪。郁闷产生的原因有很多种，既有来自工作的，又有关于学习的；不过，都是可以通过自身的努力加以避免的。郁闷有些是外来的困扰，有些是自找的痛苦。当然，郁闷也有大、有小，有些郁闷一会儿就过去了，但是还有一些郁闷需要经过很长的时间才能从中走出来。从一定意义来说，导致郁闷的三大主要因素有忘了自己的事、关注别人的事、担心老天爷的事。那么，怎样才能有效地减少郁闷呢？答案还是要依靠每个人自己去寻找。要想远离烦恼，修身养性是很重要的。

我们经常会遇到这样的事情，比如定位不准确、责任不明确、计划性不够、执行不到位等等，这一定会让自己的学习、生活、工作出现缺位、错位。这样的事情多了，你想不郁闷都难。在这些情况下，烦恼也就会接二连三地来到你跟前，产生的就不会只是郁闷了，更多的是烦躁，甚至是痛苦。就像生小孩的没有奶水、饿了没有饭吃、炒菜放多了盐、出去玩忘了带钥匙，我们找不到自己的方向就不可能干好自己的事，在事情干不好的时候难免就会产生郁闷的心情。

对于他人的事情，人们都会有很多看法，如人们习惯于眼睛盯着别人，习惯于当指导者，习惯于当裁判，习惯于对别人加以评价，习惯于对别人说三道四。更严重的，甚至有人习惯于无中生有，习惯于污蔑陷害。产生这些习惯的原因来自心理不健康，强烈的嫉妒心，最终会给别人带来心情以及感情上的各种伤害，同时也会对自己的威信和人际关系产生很大的负面影响。这样下去，自己会被别人瞧不起，甚至会成为被别人清算和打击报复的对象，这就叫无事生非。没事找事的结果就是自己被郁闷和厄运缠身，从而做出更多不好的事情来。人们做的最愚蠢的事情就是让自己活在他人的世界中而忘了自我，落在猪身上的乌鸦连自己身上的黑也看不到，就像狗拿耗子，最终惹得老鼠恨你，猫也埋怨你，这样做值得吗？但是现实生活中选择这样做的人实在非常多，自己对自己的事不够专注，就无法使自己取得成功，结果是郁闷很多而值得自豪的事却颇少，当然就更不用说享受幸福了！

还有一些人总是替老天着想，这些人通常会有一种情结，总在替老天爷操心。拥有忧患意识是必要的，但不能一直专注于研究那些遥远而莫名其妙的事。做事的依据可能是空穴来风，也可能是主观臆断，这都是在替老天爷担忧，以至于做出一些没有事实根据、没有科学性、无法控制的事情来。好比一些人总是担心世界末日会到来，结果世界末日还未降临，他自己先从这个世界前往另一个世界了。

还有一些人总是把自己的工作想象得很"超前"，要么期望值太高，要么心理压力太大太悲观甚至产生了绝望的心理。盲目乐观和盲目悲观都是盲目心理。盲目就是蒙着眼睛走路，总是小心翼翼，好像脚踏在薄冰上，这种烦恼更多的是一种恐惧。因此，我们需要树立科学辩证的乐观主义，让自己看得更远更高，乐观地看待人和事。那些只有上天能决定的事情就让上天来做主吧，我们能够做的就是用自己小小的力量来发出更大的光芒！

郁闷是一种十分消极的负面情绪，让你无法迈动脚步，让你停滞不前、意志消沉，最终一事无成。在你闷闷不乐时，总是会遇到一些不好的事情。当郁闷成为一种习惯的时候，一旦发作，就像是缺了个口的水杯，会一发而不可收。

人类是地球上最高等的物种，拥有其他物种所没有的意识和情绪。

人具有自己的思想感情和生活追求，即七情六欲。凡是活着的人都会对周围的事物产生看法，这些看法中既包含自己的喜怒哀乐，也穿插着自己的一些价值估判。在我们的亲人离开自己以及因为一些事情和朋友、亲人大动干戈，遭受批评或过于后悔而自责时，每个人都会产生不愉快的心情，从而引起情绪低落、入睡困难、坐卧不安等一系列使人感到郁闷的症状。

在我们的日常生活中，很多事情都不能依照自己的心意发展，这就会使我们产生失望、郁闷的心情。由此看来，每个人都会遇到让自己郁闷的事情。比如，富裕的人因为自己的钱太多找不到放置的地方而郁闷，贫困的人为无法购买所需物资而郁闷；貌美的人为自己的容颜衰老而郁闷，不漂亮的人想着自己能否变得美丽而郁闷……这些郁闷都是短暂而轻微的。一般来说，人们在短时间的郁闷过后都会马上恢复正常状态。

一些愿望得以圆满实现，能够带来某种成就感，从而让自己产生快乐、幸福的感觉。不过这种感觉总是很短暂，不久以后，新的追求和郁闷又接踵而来。

在这个快速发展的社会中，人们的快乐感真的很少，有些人的快乐感还不如以前，这是让很多人都感到困惑的问题。那么，什么样的人容易感到郁闷呢？

1. 失去亲人的人。失去了亲人的人们，常常会感觉失去了亲情和依靠，心理上产生的真空，让他们一时找不到前路的光亮。

2. 总是受到上司批评的员工。有些员工因为能力以及性格的原因常常在工作中遭受领导的批评和同事的孤立，他们会随着时间的流逝变得非常容易郁闷。

3. 家庭不和睦。生活在家庭暴力阴影中的家庭成员，因为经常被自己的亲人虐待，心中备感失落、无助，郁闷的感觉就随之而来了。

4. 处于更年期的女性。这个时期的女性一般都是上有老、下有小，年华不再，承受着工作和家庭两方面的压力。她们在更年期激素水平的波动影响下，身体经常会出现一些不适的症状，再加上不断上升的精神压力，在工作上会落后于一些精力充沛的年轻女性，由此会产生郁闷的情绪。

5. 压力大、不善于沟通的人。压力过大的人会使自己的神经总是处在高度紧张的状态，对于那些不善于沟通的人而言，因为没有办法使他人清晰地了解自己的想法，就会感到郁闷。

在当今社会残酷的竞争压力下，人们身上的担子和压力越来越大。很多人都疲于奔命，在复杂的人际交往面前很容易就会受到心灵上的伤害，陷入无法自拔的境地中。在处于亚健康状态的人群中，郁闷者占了相当大的比重。

面对那些让人不高兴的事情，人们的忧虑表现也是不同的，相应的对待方式也不一。在经受伤害、失败时，有的人会在短暂的郁闷后，通过调整情绪，让自己很快从这种心情中解脱出来；而有的人却对自己的付出和损失耿耿于怀，会一直被郁闷压在身下而得不到快乐。

郁闷犹如毒蛇

有些人很容易因为这些事而郁闷——别人一句无心的话，他却有意地接受；有所付出就想有所回报；贪欲太大，"贪"不但会带来痛苦，也能使人堕落。郁闷就像是一条沉睡在人心中的毒蛇，一旦触动它，就会被它咬。人生之所以有郁闷，皆源于贪、嗔、痴三毒。人都因为有一个"我"做中心才有郁闷，所以要将"我"看淡些。没有的人希望得到，拥有的人则害怕失去。患得患失，即成忧愁。其实，清净纯真的佛性每个人本性中都有，但是郁闷无疑把它遮盖了。

知事少则郁闷少，识人多则是非多。事情多，郁闷就多；认识的人多，是非自然会多。郁闷多、是非多，你的心怎么安定得下来？如果你真心想成就一番事业，那最好不要多问你不该知道的事情。不需要认识的人，最好不要去跟他打交道。求得自己内心安定，这才是重要的事情。七情六欲都生郁闷。遇到好事情心生欢喜，这是着魔；遇到不如意的事心里愤恨，这也是着魔。嗔恚、贪爱会引发郁闷，会染污你的清净心，染污你本有的智慧光明。

功名富贵是郁闷的源泉，刻意去求便是自寻烦恼。对于修行人来说，名利是大障碍，争名夺利只能让自己徒增郁闷。患得患失、想控制一切人、事、物，是郁闷、是束缚。无边的郁闷，都是从"患得患失"演化来的。没有的时候想尽方法得到，得到之后又怕丢掉，都会徒增郁闷。不管得到还是失去，到最后都是一场空。你没有得失心，就没有郁闷，就得大自在。

而且，抑郁症也和郁闷有关。

那么，一些经常感觉郁闷的人，就会得抑郁症吗？对此，郁闷也有程度之分。轻度的郁闷属于情绪障碍，不在疾病的范畴中；但如果经常会没理由地郁闷，而且长时间郁闷，正常生活都被影响到了，那么很有可能就是患上了抑郁症。

正常的郁闷一般都有原因，像考试没发挥好、升职加薪没轮上、亲人生病、投资失败等。在这些情况下，出现情绪低落、烦躁、焦虑、短暂性的失眠都是很正常的，但一般在两周左右就会好转。这样的郁闷很常见也很正常，因为情绪有高峰就有低谷，偶尔"郁闷"更有利于思考自己的人生，远胜于在顺境中突然遭遇很大的挫折。

在这种情况下，最好先离开那个让自己感到压力的环境一段时间。如果压力来自工作，就考虑休假，让自己暂时和工作"断绝关系"；如果压力来自婚姻，那么就和伴侣暂时分开两天，心里想明白了再好好与另一半沟通；如果压力来自周围人，比如认为自己不如其他同事，就要学会调整心态，找到自己的优势。如果一个人财力远胜于你，但家庭却不和睦，而你和妻子却恩恩爱爱，那么你的幸福度是远胜于他的。

郁闷该怎样预防呢？郁闷其实就是一个认知的问题，只要改变自己的认知，郁闷自然会消失。

因此，千万不要被郁闷这条毒蛇咬到。

莫让心灵惹尘埃

有一首佛偈这样说：身是菩提树，心如明镜台。时时勤拂拭，莫使有尘埃。然而，还有另外一首佛偈曰：菩提本无树，明镜亦非台。本来无一物，何处惹尘埃？在这个城市中，我们一边经受风雨的洗礼，一边用力洗去身上的污秽，这样的心情让人感觉沉重、发慌，而若是不予理会呢？当然会豁然开朗。有人会问了，难道就任由灰尘散落，而只求片刻闲舒吗？那么，就请拨冗望向窗外吧。你看到了吗？阳光照进窗棂，灰尘漂浮其中，尘影浮动，正是那些光线使暴露于空气中的灰尘无以遁形。生活中有太多太多的灰尘，不可能洗刷干净，但是空气却能包容一切，反而什么都不要紧了。

空气是值得人尊敬的，它能容忍并接受一切污秽，它尽管虚无，却无比饱满。它是一种意境，也是一种境界，它永远澄澈，不曾愤世嫉俗。它的存在，确定了生命最为完美的状态是无色、无味、无形……是非不沾身。如果真能做到这样，百毒不侵也不是一件难事了。即使生活厄境丛生，又能怎样？

有这样一则故事：小和尚随老和尚游历四方，途经一条河，见一女子正想过河，却又不敢过。老和尚便背起该女子蹚过了河，然后放下女子，继续与小和尚赶路。小和尚不禁想：师父怎么了，竟敢背一女子过河？一路走，一路想，最终他还是憋不住问道：师父，你犯戒了，怎么能背个女人？老和尚叹道："我虽然背了她，心里早就放下了。你虽然没有背，但心里却一直没有放下！"

一定要放得下、想得开！

不管什么事情，过去就过去了，老是记在心里、挂在嘴边，只会增加没有意义的烦恼。

做人要坦坦荡荡，像老和尚一样拿得起、放得下。

很多人有时也会像小和尚一样，拿不起、放不下，重复掀开自己的伤疤，千百次重复受伤的过程，自虐而疯狂。人生有许多事，无法放心；人生有许多情，无法放下。人生有许多欲，要去寻求；人生有许多痛，需要慢慢淡去。人生有许多苦，需要品味；人生有许多伤，需要治愈。这些恰恰就是你内心的尘埃，只有忘掉了这些才能让内心真正自由！

紧抓记忆不放，还不如早早将其忘却。

总有些事会在内心留下重创而无法抹去，只能在寂静的深夜一个人忧伤、心痛。有的情，伤过，要用一辈子来疗愈。心，是什么东西？不是无聊，即是寂寞；不是莫名的忧伤，即是无端的烦恼。高兴总是那么短，苦楚却总是那么长。只不过拥有一分钟，却要用一辈子来思念。一秒钟的相爱，要用数十年来忘却。

人生就像登山，无限风光在险峰，越险越有味，待到登上最高峰时就会有"会当凌绝顶，一览众山小"的感觉，过往的一切，原来显得那么幼稚可笑。最难堪的是，咱们翻山越岭，历尽艰辛登上一座山峰，自以为是最高峰了，不承想却只是下一座山的山脚罢了。你想要爱情、想要成功，可是却想得而不能得、得到又俱失，反反复复摧残你的内心，使你无比痛苦。

一天不清扫家中的地板，它就会堆满垃圾。室内的家具，几天不擦就会积满尘埃。小区的垃圾天天得清出去，一天不清就会恶臭难闻，污染环境。

许多人和事就像尘土一样埋藏在心里，不管过去了多少年还是会让人泪流不止、心痛难过。人生即是一场修行，打扫是每天的功课，一天不打扫，就会浊气逼人、难净己心。

　　苏格拉底曾教育自己的学生，根除旷野里杂草的最佳办法不是用铁锹铲，也不是用火烧，而是种上庄稼。想要除掉心灵的尘土，最好的办法就是让蓬勃生长的美德占据整个心灵，不给杂草一点成长的机会。

别自己折磨自己

我们在同亲人、好友、同事一起聊天时，经常会聊到这些话题：有的说，最近真是太累了，工作升迁进展很慢；有的说，现在挣钱太不容易了；有的说，生活总是让人费尽心思，为什么人活着会这么累？

人都有上进心，都愿意为了实现目标而付出努力，可就在日复一日、年复一年期待着获取佳绩时，人们的心也始终深受折磨。面对一次次的失败，人们难免会抱怨、愤怒、自暴自弃，甚至每天都会忧郁不堪，对未来不再有信心和希望。

其实，人生在世岂能事事尽如人意，得之一二就可以心满意足。换句话说，无论是贫穷还是富有，只要幸福就好。天外有天、人外有人，想得到的未必都能得到，只要将自己的心态摆正，轻松生活、轻松工作，别总和自己较劲儿，再苦再累又能怎样，何必苦苦折磨自己呢？

人要有追求、有向往，但不能盲目，否则就会自寻烦恼。再多的钱终究是会花完的，再难的事情总会有解决的办法，如果一味地沉浸在烦恼之中不能自拔，那么换来的只能是责备和抱怨。于是，颜面憔悴，身心俱疲，失去自信，消极处世，整天郁郁寡欢，让自己不开心，对家人也造成伤害。

每个人都只有一次生命，这仅有一次的生命又非常短暂，也就几十年而已。在这短短的几十年里，人是为了什么活着呢？为了幸福、为了快乐、为了健康、为了自己、为了别人——亲人、朋友、同学、同事、其他看似不相干的人们。

每个人虽然只是这个世界的一个个体，但同时也是整个人类中的一员，这就决定了人活着并不仅仅是为了自己，还是为了许许多多与自己有关或无关的人。

人活着并不容易，遇到小事喜欢斤斤计较，一不如意就长吁短叹，不能释怀，或者总是严格要求自己，不允许犯错，一旦犯错就久久不能原谅自己，给自己造成很大的心理压力，时间长了便会得出结论：我活得好累！

人们生气、烦恼，常常是因为小事而折磨自己，做事太计较得失。总是沉浸在生活的细枝末节里，反而会忽略生命中最重要的开心和快乐。

一个人快乐，不是因为他得到的多，而是因为他计较的少。

一个人痛苦，不是因为他拥有太少，而是因为他欲望太多。

想要得到解脱，就不要自己折磨自己，你只需要淡定地走自己选择的路，做自己分内的事。这既是对自己的爱护，也是对生命的珍惜。没事的时候听点音乐，放松自己；烦躁的时候做点运动，调整自己；得意的时候加点平静，修炼自己；难过的时候加点失忆，放过自己。

快乐幸福其实并不难。静下心来仔细想想，生活中的许多不如意并不是由于你的能力不强，恰恰是因为你的愿望不切实际。任何事都有一个度，超过了这个度，很多事就可能变得极其荒谬。所以，我们应当时常反省自己，让内心存一份悠然自得。只要尽力这样去做，就不会再对自己抱有怨恨和责备之心，就能坦然面对自己了。

因此，不要和自己过不去，不要让自己活在委屈与消极中，调整心态，开心每一天，快乐每一天，幸福每一天，永远保持对生活的美好认识和执着追求，学会享受生活，才能做到更加珍惜生活，积极创造生活。让生活出现奇迹，这是一件多好的事啊！

曾经有这样一首歌被很多人传唱：每一天哟每一年，急匆匆地向前赶。哭了倦了累了，你可千万别畏难。是路它就免不了有沟沟坎坎，就看你怎么去闯，怎么去闯每一关，活出个样来给自己看，千难万险脚下踩，啥也难不倒咱。只要你的心中有情有爱，风里走雨里钻，刀山雪岭也敢攀……

没人会为你的郁闷买单

没有人不知道，心情不好会对身体健康造成很大的危害！就连医生也经常在评价某些病人的时候说，主要是压力太大！坏心情，伴随着压力，像一个夜行的刺客，随时都可能拿走你宝贵的健康，要了你的命！

既然人人都知道坏心情的危害，为何还总是生气、发火，让自己陷入担忧、恐惧、猜疑、郁闷的状态呢？归根到底，还是因为认知不清，想当然地认为这只是心理问题而已，又不会威胁到生命，所以没什么的。

其实，任何一个小小的心情都会很快影响到你的身体机能！因为，神经为了应对压力会调动起身体的各种资源，进入应激状态！而神经系统和内分泌系统、免疫系统、循环系统、消化系统都紧密相连，一旦神经系统启动应激状态，就像一个国家启动一场战争一样，所有的相关系统都会投入战斗！于是正常的生产将停止，所有资源都会用来备战。这样一来，用于应激状态的内分泌系统就会替换原本用于生长、修复的内分泌系统，同时抑制免疫系统，使循环能力下降，减弱消化能力，造成身体机能的紊乱。

因此，当一个人心情不好的时候，脸色也多半不会好看，食欲亦会下降，这样既会让人感到疲劳，也容易生病。那些重大慢性疾病的发生，多数都源于身体长期处于慢性应激状态，从而导致身体无法正常消化、吸收食物，也无法修复日常的身体损耗。同时，肌体只好强化心脏的跳动来供养身体的需要，从而为心脏病的发生埋下了隐患。为此，人体更不得不通过提高血压，来保证循环的需要，甚至引发高血压！而为了支持能量的供应，人体只好将肝糖、组织中的蛋白质都转化为糖，而血糖的升高可能会让糖尿病伴随而来。

更要命的是，这场"战争"是假想出来的，而不是像兔子遇到老虎、猴子遇到蟒蛇那样，必须通过应激反应来保命！它是由于你自己大脑的思维模式引起的神经紧张，从而牵动了肌体的系统变更！

不要以为你有理由郁闷，就可以随意郁闷；不要以为你有值得怀疑的证据，就可以让自己疑神疑鬼；不要以为情绪紧张所导致的压力只会造成一时的心情不好！对不起，你的身体不知道你在小题大做，你的神经不知道这个世界上还有"想象出来的可怕、紧张"，你的神经忠于你的想法，只要你往坏处想，神经就即刻为你做准备！这是自然界的生存法则——立刻准备战斗，让自己迅速摆脱危险！

有五大因素能够导致人体患病，其中营养失衡、毒素累积、损耗过度、自然衰老这四个因素加起来的损害，都没有压力积累所带来的伤害那么严重！因为压力积累就是一个导火索，一旦点燃，便能让另外四个因素同时着火！

那么该怎样避免压力，创造一个好的心情呢？这是真正的养生之道中最关键的部分。道家为此选择闭关；佛家进入深山老林，严格宣布"八戒"；儒家设法约束举止；武术家更是想尽办法让自己入静！几千年来，人们为摆脱人为的思想压力所带来的生理病变而绞尽脑汁！

"淡定从容""泰然自若""不慌不忙""不亢不卑"这几个成语，说出了心智修养的核心，也说出了解决压力伤害的方法！

在什么情况下人们会产生焦虑、紧张、恐惧、担忧、疑虑等情绪，引发坏心情，触动压力导火索呢？经过细心研究后可以发现，能够触动紧张的因素有三方面：一、不愿意面对的遭遇；二、让人失望的事情；三、没有达到预期的事情。

其实在大部分情况下，好的心情都不是源自好运气，而是来自对待事物的好习惯！

　　每个生活在这个时代的人的经历其实都大同小异，谁都有自己的幸运，也有自己的不幸！其实，倒霉的事情并非瞄准了你；倒霉的事情谁都会遇到，只是今天是你明天是我，顺序不同而已！

　　小商贩、小公司、大企业、员工与老板，谁活得更容易？还不是每个人都会遇到各种麻烦。

　　如果你淡然面对人生中的种种际遇，那么遭遇就会变成你的人生经历，变成你与众不同的成长因子，变成你迈向成熟与成功的台阶！也许你可以从现在开始练习，只要发生不好的事情便先庆祝一番。因为，你也许无法决定事情的发生与否，但是却可以决定事情的发展方向！而真正决定事情结果的，便是事情的发展！

　　逃避没有丝毫用处，它只会延续压力，只会让你增加紧张！接受，可以让你找到出路，让你从遭遇中获得机遇！一旦接受，就没有了压力。你应把发生的一切都当作是上天给予自己的礼物，只是包装不同，有的好看，有的难看罢了！但是，有时候，最难看的包装却可能装着最大的礼物；而最坏的遭遇背后，很可能隐藏着最大的收获。

　　对于那些生活中的失望和没有达到预期而产生的落差，应当放眼量！这也是由你来决定的。也许有人让你失望，但是你可以不让自己失望。与其把希望寄托在别人身上，不如学会寄托给自己。如果我们对别人没有依赖性，也就不存在失望的问题。预期的事情发生变化，不代表变化了就不好！

　　你要始终记得，郁闷具有极大的杀伤力！坏心情只会让你受到情绪的控制，从而做出更多失去理智的决定！而生气，则会使你的身体长期处于"战争"状态，引起巨大的身体内耗，并逐渐导致肌体的枯竭！你需要锻炼一种信念，那就是，凡是发生的都会照单全收，活在当下，时刻庆祝！好事值得庆祝，坏事同样值得庆祝，到最后，坏事说不定会变成好事呢。

　　比起珍贵的生命，任何事情都不值得你为之郁闷！没有什么人值得你郁闷，更无须因为他们而伤害自己！不要出卖你的心情去制造压力，不要出卖你的心情去累积负面情绪！想让自己好好的，先得让你的心情好好的。

你要始终明白，郁闷拥有巨大的杀伤力！因其导致高血压，医药费很贵！因其导致糖尿病、心脏病，医药费同样很贵！因其引起内分泌失调、免疫力下降，医药费就更贵了！而内分泌失调、免疫力下降更会诱发癌症，贵得差不多都够你赔上一切了！

因此，郁闷的代价是很高的！下一次当你想要郁闷的时候，请赶快提醒自己：郁闷如此昂贵，买单的却只有自己！你还郁闷什么呢？

让郁闷转个弯

时代的进步，使物质条件比以前好了很多。但总有美中不足的地方，处理不好就会钻入死胡同。

美国非常著名的作家卡耐基曾告诉人们："要把没意思的工作很有意思地完成。"他的意思是说，人们要学会让郁闷拐个弯。

宁静而后入定，静气然后脱尘。学会了平淡做人，也就学会了让郁闷拐弯，就能够气定神闲地生活了。

著名的语言文学家、"汉语拼音之父"周有光，活到了 112 岁，晚年依然思维敏捷、笔耕不辍，每月都有相关文章发表在国内外的报刊上。一次，有人问起他的长寿秘诀时，周老说："凡事要想得开，要往前看。"

周老一直都觉得"让坏事拐个弯，就能变成好事"。他还提醒人们："郁闷的人，就是他走到要拐弯的地方却不能拐弯，所以就只能选择死亡。"周老的"拐弯"说，是他百岁养生经验的总结，是他百年人生的智慧，也是对人们的告诫！

如果把每个人的人生轨迹图拿出来看的话，会发现，人生天地间，路路九曲弯，从来就没有笔直的路。有人说，人在前进的路上就是两件事——前进和拐弯。前进需要勇气，拐弯需要智慧。爱因斯坦说："人的最高本领是适应客观条件的能力。"达尔文说得更透彻："适者生存。"他们都在告诉人们，要适应、顺应，学会让郁闷转个弯。

拐弯这个词对人的一生是非常重要的，由于每个人对这个词理解、掌握和运用的水平不同，就出现了愿不愿、会不会、善于不善于拐弯等多种情况，由此造成千差万别的人生，演绎出了五彩缤纷的世界。而要是用英文的大写字母来表示拐弯，还能分出三种不同的类型。

第一种拐弯用"V"来表示。它不仅形象传神，而且真正表达了拐弯的意义。这不是一种简单的拐弯，这种迂回型的拐弯，是以退为进。左边的一半代表向下，右边的一半代表向上。从左边的趋势来说，本应向下，但是中途戛然终止后却突然改为向上，这是一种消极状态向积极状态的转折。很多人和事都是这样一拐，最后才将失败转化为成功的。

第二种拐弯用字母"N"来表示。这种拐弯和"V"有点相似，但又不完全相同，它是表示人们按规定的道路和方向前进时，原路走不通了，需要拐弯，但这个弯并不是按原路返回，而是拐到一个新的方向，最终在新领域有了大发展。

克里斯托弗·里夫曾经是一位电影巨星，但是却在一次马术比赛中意外坠落，成了高位截瘫者。他一度绝望过，也曾想就此了结自己的生命。但在挫折面前，他最终选择了以轮椅代步，当起了导演，而且其导演的影片还获得了金球奖。他人生的第一本书《依然是我》，是坚持用牙咬着笔写完的，后来这本书还成了畅销书。

第三种拐弯用字母"W"来表示，这意味着人生前进的道路上并不是拐一两次弯就能到达人生终点的，而是要经过多次拐弯的锻炼，要经历多次挫折的磨炼，要经受多次失败的考验。就像人们常说的：历史永远是螺旋式发展、盘旋前进的！

人的一生经常会碰到挫折和不幸，关键在于你是否能学会拐弯。只要你心里拐了个弯，就会路随心转、超越自我，开创出新的天地。

很多伟人、名人的人生轨迹，能有力地证明他们正是在不停地拐弯中才前进并取得成功的。

孙中山先生作为中国伟大的革命先驱，为了推翻清朝的封建统治，经历了多次失败却矢志不渝，终于取得了辛亥革命的胜利。两院院士王选一生经历了九次选择，也就是九次拐弯，终于成功研制出了汉字激光照排系统，使我国的印刷业从此告别了铅与火，迈入了光与电，被人们称为"当代毕昇"。

这些都说明，能学会"拐弯"不只是学会了转变思路的小方法，更能指引你的人生方向。所以当郁闷来临的时候，记得让它转个弯，人生一定会变得更好。

对自己好点儿

生活对于每个人来说都绝非易事。张爱玲有句话说："短的是人生，长的是磨难。"一语道出了人这一辈子活着的不易。活着，要吃、要穿、要住；活着，要流汗、流泪、流血……活着的的确确很累。人活着，从形式上讲可分为两种：一种是给别人看，一种是给自己看。如果是活给别人看，就会更累，可悲哀的是现代社会里很多人都是为了活给别人看。比如有朋友失恋了，他说，我一定要好好干，出人头地，找一个比她更漂亮的，证明给她看！还有一个朋友失恋了，她说，我要嫁的人一定会是大富翁，而且比他还要帅、还要爱我，一定要让他后悔今天所做的决定。

事实上，活给别人看的人都是死要面子活受罪。与别人比房子比票子，总感觉自己不如别人，车子不如别人好，儿子的成绩不如别人的好……可人比人，气死人。尺有所短，寸有所长，无谓的比较只会徒增自己的烦恼。在别人数钞票时，我们却安逸地赏月，这多好啊！要是只活给别人看，那实际上就是在糟蹋自己。近些年，减肥已成为一种长盛不衰的"时尚"。身材确实肥胖的人减肥也就算了，而很多身材苗条的人也非要减肥，说是为了"保持身材"。于是，各种减肥药、减肥茶、节食……轮番上阵。

为了减肥，人们简直无所不用其极，甚至有"切胃减肥"的极端事例。有报道披露，有位姑娘看到马拉多纳通过这种手术实现了减肥的目的，于是便去医院希望通过"切胃"来实现身材苗条的愿望。"切胃"

手术之后，她居然又"找补"了四次手术，结果还是以失败告终。这位姑娘前后共手术五次，所承受的痛苦简直难以想象，让人不禁怀疑，就为了瘦下那几斤肉连命都可以不要吗？

其实，人活着，最大的敌人是自己，而不是其他任何人。只要健康，胖与瘦有那么重要吗？有一位中年妇女，认识到了活给别人看其实是在折磨自己，于是转变了观念。一天，她到服装专卖店花200元买了一套内衣，别人问她买这么贵的内衣穿在里面会不会觉得可惜。她说，我穿衣服是为了自己舒服、自己高兴，又不是给别人看的。的确，只要自己穿着舒服、活得舒心，就不必在意他人的眼光和评判，也不必希冀别人的认可与赞同。

人都应该为自己而活，身体是自己的，生命是自己的，人生和灵魂也是自己的。既然都是自己的，那为什么要活给别人看呢？人应该活给自己看，我们不需要虚伪，没有必要披上虚假的外衣，不必在乎别人的眼光，不需要在人生路上还背着沉重的包袱。应该给自己一个骄傲的借口，给自己一个幸福的理由，给自己一份别人不能给予的温暖，大声唱出内心最真诚的希望，了解自己，为自己写一首美丽的歌！

为自己活、为自己笑、为自己演、为自己唱，相信自己的能力，给自己阳光、给自己信心、给自己灿烂的明天，用快乐的钥匙开启自己的内心、自己的灵魂。

人生极为短暂，我们在亲人的欢声笑语中出生，又在亲人的悲伤哭泣中离去。我们无法决定自己的生与死，但这一生仍然值得我们高兴和感恩。

幸福美满的家庭、快快乐乐的一生，是每个人的心愿。但生活中不会一切都尽如人意，每天我们都会遇到各种各样的困难和烦恼。人一辈子会有无数无可奈何，会邂逅无数恩恩怨怨，可是人不就这么一辈子吗？有什么看不开的？再多的烦恼忧伤、再大的恩怨情仇，几十年以后也都会风吹云散，有什么无法化解、无法消气的呢？

每个人的生命都只有一次，我们应当快乐地度过。只要我们不丧失对生活的信心、对理想的追求，只要我们虔诚地去努力、乐观地去对待人生，事业上有好的机遇，就快速反应，抓住机遇、果断决策，用超人的智慧去实现自己的人生理想，就能让人生的每个季节都美好灿烂。

每个人的生命都只有一次，我们不能白走这一遭。所以，让我们从现在开始，做自己想做的、爱自己想爱的。做错了，不必后悔，不要埋怨；跌倒了，爬起来重新来过。看成败，人生豪迈，下次一定会走得更好。

每个人的生命都只有一次，匆匆忙忙，每个人都应当有一个奋斗目标。如果该奋斗的时候我们奋斗了、该拼搏的时候我们拼搏了，即使结果没能如愿以偿，我们也可以换个角度想一想：世事"岂能尽如人意，但求无愧我心"。任何一件事，最重要的是竭尽全力，至于结果怎样，倒不用太放在心上。

每个人的生命都只有一次，应活得轻松洒脱。要想活得轻松洒脱，你就该"记住该记住的，忘记该忘记的；改变能改变的，接受不能改变的"。只有这样，你才能活出新的自己！

每个人的生命都只有一次，不要去苛求，不要有太多的奢望。若我们苦苦追求却还是一无所获，我们不妨这样想：既然上帝不偏爱于我，不让我鹤立鸡群，不让我出类拔萃，我又何必去强求呢？其他人都声名显赫，自己却只是平平凡凡，我们不妨这样安慰自己：该是你的，躲也躲不过，不是你的，求也求不来，我又何必费尽心思、绞尽脑汁地去占有那些原本不属于自己的东西呢？重要的不是金钱、权力和名誉，重要的是应该善待自己，对自己好一点，就算拥有了全世界，随着死亡的来临也会烟消云散。如果大家都能抱着这样的态度，就不会被那些无谓的烦恼缠身了。

做一个孤独者

烦恼无处不在：爱情、婚姻、人际关系、生活，甚至虚无缥缈的思绪都能让人感到烦闷！

事实上，"我们都在孤独地活着"。有些时候，有些事情，你只能自己解决、自己思量。同事不可尽信，同学不得空闲，亲人不能尽言，时间久了，你会开始习惯独自承受。

人们都感觉家是最安全、最坚固的避风港，可是，当你在外面面对太多挫折、太多伤害时，会不会回家和你的爱人及父母诉苦？不会，这是肯定的。人们擅长的便是报喜不报忧。有时即便是回家了，面对亲人的关切，你依然只会表现得淡淡的。而当你身边的亲人高高兴兴为你准备一桌可口的饭菜时，他们怎么可能想得到你是悄悄回来"疗伤"的？

我们在人前戴上了太多的面具，前一刻，独自一人时，你在哭；转过身来，碰见一个熟人，你又开始笑，而且笑得那么灿烂，当那人走过，你的笑容就会在脸上凝固。

人只有在面对自己的时候才是最真的。

每当夜深人静，我们才会发现自己有多累、有多勉强、有多无奈。人前的我们，面具实在是太多了，而脱下那些面具，真实面对赤裸裸的自己，才开始感到孤独与寂寞，并独自去咀嚼。

我们选择了孤独，但反过来，孤独又成全了我们，让我们在漫漫长夜中，学会反思、学会改变、学会完善。

我们都是孤独者，都在世界上孤独地活着。

一个人对自己的定位，决定了这个人的命运，指向了他的归宿。人孤独的时候，通常是极考验品位的时候：怎样把孤独变成一种享受？

绝大多数人都害怕孤独，一个人的时候总想要找个人陪伴，或者用种种娱乐活动填满独处的时间。殊不知，几乎所有伟大的人都喜欢独处，他们经常会热情洋溢地赞美独处的美妙之处。

孤独的好处到底在哪里呢？

让人清醒是它的第一个好处，这样才能更加真切地感受到生活之美。一般人常常是靠着一种习惯在生活，到点起床、上班、下班、跟朋友聚会、看电视……这种毫无个性可言的生活方式其实埋藏着一种惰性。不妨给自己一些独处的时间，用心感悟生活中的美。美，其实是在不和谐中领悟到和谐、在不和谐中发现和谐。你越是能感受到美，就越能感觉到快乐……

让人宁静、洗涤心灵是它的第二个好处。喧闹是一种快乐，宁静是另一种快乐。宁静和平的心境犹如一股清泉，能够洗涤万丈红尘带给我们的种种不洁。

利于思考是它的第三个好处，思考使心能有所悟，人因悟而开心。思考者多喜欢孤独，因为在这种状态下，人的心境和思想都很自由，放得开，也收得拢。不用顾虑旁人的看法和言论，这种情况最容易心有所悟，这种喜悦只可意会不可言传。

但你要知道，孤独并不是空虚、寂寞以及无所事事。孤独的妙处在于倾听自己的心声，并认真感觉和体会自己生命中灵魂流动的韵律与诗意。当然可以追求财富，但不必太过萦怀。钱财毕竟生不带来、死不带去，所以得失不必太放在心上。

为什么人会感觉孤独？当你为某件事情感到痛苦和失望的时候，你会感到孤独；为前途感到渺茫与彷徨的时候，你会感到孤独。孤独是生命中一个重要的体验。由于怀着爱的希望，孤独才是可以忍受的，但它并不是甜蜜的。

　　琐碎充斥人的生活，但却不能让你得到真正的幸福，甚至会忘掉生活真正的目的。人活一生，真正的幸福不在于物质上的满足，而在于精神上的富有。孤独使人经过思想的磨炼、经过心灵的洗礼，达到一个至高的境界，让灵魂得到升华。

　　人在孤独的时候会自觉地洗涤心灵，使心有所悟，悟出方向、悟出道理，但也不免压抑着苦的一面，因此如果确定了自己的思想方位，你便可以给自己换个环境，释放并宣泄自己压抑着的郁闷心情，甩掉包袱，轻装上阵，适时适度地调整心态，走向更完美的自己。

第二章
我的地盘我做主

　　你的生活完全掌握在自己手里，只有你能改变它，它的方向也只有你可以把握。你用什么样的态度直面生活，你的生活也会以同样的态度来对待你。如果你多关注生活中开心的事情，把悲伤的事情淡化，那么你就会过得非常开心，你会发现每天都很有意义；如果你总是关注不开心的事情，而把开心的事情忽略掉，那么你的心中就会布满阴云，怎样做都没办法将其挥走。

也许事情并不是你想的那样

人这一辈子，不可能事事尽如人意，我们不是生活在真空中，难免会碰到这样或那样的郁闷，去除这些郁闷已耗费了我们不少精力，何必再为了不确定的事情伤脑筋呢？或许事情会有转机也未可知。

飞机穿过高高的云层飞行，空姐在机舱里微笑着给乘客送餐品。一位中年人细细地品尝美食，而邻座的年轻人却看着窗外的天空，一脸愁容。

中年人好奇地问："小伙子，怎么不吃啊？这味道其实还不错。"

年轻人慢慢地转过头，略带尴尬地说："谢谢你，不过你先吃吧，我没胃口。"

中年人仍热情地搭讪："年纪轻轻的怎么会没胃口，肯定是遇到什么不开心的事了吧？"

面对中年人热心的询问，年轻人有些无奈地说道："确实遇到了一点麻烦事，心情不太好，希望不要影响到你的好胃口。"

中年人不但没有生气，反倒更热心地说道："如果不介意的话，可以把你的烦恼告诉我，说不定我能帮得上忙呢。"

年轻人看了看表，还有一个多小时才能到目的地，就聊聊吧。

年轻人说："昨天夜里，女朋友给我打电话，说有急事要和我谈谈。问她有什么事，女朋友说见面后再说。"

中年人听后不禁笑了："这有什么可犯愁的，见了面不就全清楚了吗？"

年轻人说："可她从来没这么和我说过话。我想可能是出了什么大事，或者是有什么变故，也许是想和我分手，电话里不方便说。"

中年人笑道："你年龄虽小，想法却不少。可能没那么复杂，只是你想得太多了。"

年轻人叹道："我昨天一晚上都没合眼，总有不祥的预感。唉，你不是我，体会不到我现在的心情。你要是也遇到同样的麻烦，就不会如此开心啦。"

中年人依然在笑："你怎么知道我就没有遇到麻烦事呢？你的判断不够准确呀。"说着，中年人拿出一份合同，"我今天是去打官司的，公司遇到了创业以来最大的麻烦，还不知道能不能胜诉呢！"

年轻人吃惊地说："可你脸上一点着急的样子都看不出。"

中年人回答："一点不急肯定是不可能的，但着急也没有用啊。到了之后再说，谁也不知道对方会要什么花样。我们可能会赢，也可能一败涂地。"

年轻人开始佩服起眼前这位儒雅的绅士来。不一会儿，一个多小时过去了，飞机到了目的地。中年人临别时给了年轻人一张名片，表示有时间可以联系。

过了几天，年轻人按照名片上的号码给中年人打去了电话："张董事长，谢谢您！果然如你所料，没有任何麻烦。我女朋友只是想见见我，才想到了这个办法。你的官司打得怎么样？"

张董事长笑道："我跟你一样，也没什么大麻烦。对方后来撤诉了，我们和平解决了问题。小伙子，很多事情要等面对了再说，提前发愁是没有用的。"

年轻人由衷地佩服这位乐观豁达的董事长。

这件事告诉人们：大部分烦恼和忧愁都是自己绑在身上的锁链，是对自己心力的无端耗费，无异于给自己设置的虚拟的精神陷阱，因为到最后事情其实并不像你想的那样。

有两个天使在旅行途中借宿在一个富人的家庭中。这家人对他们并不友好，并且拒绝让他们在舒适的卧室过夜，只是在冰冷的地下室给他们找了一个角落。当他们铺床时，较老的天使发现墙上有一个洞，就顺手把它修补好了。年轻的天使问为什么，老天使说："我们很多时候看到的只是事情的表面，而不是它实际的样子。"

第二天晚上，两人又借宿在一个非常贫穷的农家。主人夫妇俩对他们非常热情，为了款待他们把自己仅有的食物都拿了出来，还让他们睡在自己的床铺上。第二天一早，两个天使发现农夫和他的妻子在哭泣，因为他们唯一的生活来源——一头奶牛死了。于是，年轻的天使愤怒地质问老天使为什么会这样？富人家庭什么都有，老天使还要帮他们修补墙洞；农家尽管如此贫穷还是热情款待客人，而老天使却不去阻止奶牛的死亡。

"我们很多时候看到的只是事情的表面，而不是它实际的样子。"老天使答道，"当我们在地下室过夜时，我从墙洞中看到墙里面堆满了金块。但是它的主人被贪欲所迷惑，不愿意分享他的财富，所以我填上了墙洞。昨天晚上，农夫的妻子差点被死亡之神召唤走，我赶快用奶牛代替了她。"

很多时候事情并非如表面所见。我们只有了解了全部事实，去面对了，才会真正了解事情的真实情况，就不会再因此而郁闷了。

悲伤中也会有出路

虽然每个人都希望开心快乐，可是不管怎么努力、怎么平衡，生命中总会有无法避免的痛苦和悲伤。那些伴随着生活琐事出现的失望、沮丧和痛苦，就像四季的气温变化般自然，你要学会默默承受。

有个故事非常有意思，讲的是两只蚌和一只螃蟹的故事。虽然故事很短小，但蕴含着极为深刻的意义，教人们怎样接受不可避免的悲伤与痛苦。

两只蚌一起聊天，其中一只抱怨说："那粒丑陋的沙子让我痛苦不堪，它在我的身体里滚来滚去，让我浑身疼痛，都不能好好休息！"

另一只蚌听了后哭着说："我倒是宁愿那么痛苦！谁都知道，只要过了这个最艰难的时期你就可以生出美丽的珍珠来，这简直太让人羡慕了！"

有只螃蟹在一旁听到后，站起来对它们说："其实你们都不需要抱怨！有了沙子在身体里的蚌啊，接受你这短暂的痛苦吧，你将迎来永恒的珍贵！没有沙子的蚌啊，你也要安静地等待，只要你愿意让沙子进入你的身体，每一天都有机会。如果永远没有沙子，能享受这轻松快乐也是无比难得的事呀，你们都不需要去羡慕别人！"

有一个很简单的破解痛苦的办法，那就是从"小我"中跳出来，多与人沟通交流，互相倾诉自己的人生经历和生活方式。因为这可以让人们清楚地看到原来被忽略的一些事实和本质，例如，尽管你的职业不够光鲜，但是你的薪水很稳定；尽管你的相貌很普通，但是你的子女都很孝顺；尽管你的老板很可恶，但是你的妻子很贤惠……一旦你开始诚心感恩上天的赐予，就会不好意思再夸大那些微不足道的痛苦了。一旦消除了"世界没有比我更不幸的人了"的自我暗示，就能轻松地减轻压力和负担，瓦解痛苦。

事实上，最能验证一个人能力的就是看他对于痛苦的忍耐力。很多时候，忍受痛苦并不代表着放弃抵抗，而是要让自己有能力从悲伤中找到出路，从苦痛中创造出美好的明天。

英国将军伯纳德·蒙哥马利是第二次世界大战中盟军杰出的指挥官，他因为打败了德国名将隆美尔这只"沙漠之狐"而名声大噪。但不为人知的是，蒙哥马利的童年其实是在痛苦的忍耐中度过的。蒙哥马利认为，忍受痛苦的能力、应对任何意外事故的能力，是取得胜利的基本特质。压力越大，成功的概率也就越大。

蒙哥马利是家中的第四个孩子，小时候天性好动、不喜欢学习，经常不听父母的话。他的调皮让有洁癖的妈妈非常生气，导致其经常受到母亲的责骂和冷落。最严重的时候，母亲甚至用"你只能当炮灰"这样的话来攻击可怜的小蒙哥马利。他的母亲总是在人前批评他、打击他，这更让别人有机会和理由小看他。蒙哥马利的内心被母亲的暴躁与绝情深深伤害，所以成年后的蒙哥马利进入军队以后就再也没有和母亲来往过。

幸运的是，蒙哥马利并没有沉溺于妈妈施加的这些伤害中不可自拔，尽管他每天都处于高压的阴影之中，但他仍然接受了命运的安排，不去在意那些非议和嘲讽，坚持做自己认为正确的事情。他的每一个举动都验证了著名武侠小说作家古龙所提的思想精髓：一个人如果能在清醒中承受痛苦，那么他的生命将远比别人有意义，他的人格也更值得人们尊敬。

蒙哥马利后来写下了自己的回忆录，他说："我的童年因缺乏母爱而充满了世人对我的嘲笑和蔑视，这种刺激造就了我坚韧不拔的意志和超凡的智慧，正是这种特质成就了后来的蒙哥马利。"

不管多么痛苦，只要你能忍受煎熬，接受现实，坚持做自己该做的事情，就一定能找到自信，寻找到一条崭新的道路。蒙哥马利就是这样不甘受压于痛苦，勇敢走出困境，最终缔造了不朽功绩，成为伟人的。

生而为人，并不是为了吃苦，但是，苦来了我们也不要害怕，我们要勇敢地面对变化，毫不退缩地忍受痛苦，它将扬起我们意志力的风帆。

导演李安因为拍摄《卧虎藏龙》等优秀电影而享誉国际，但是在这之前他曾经度过一段非常潦倒的日子。李安毕业于纽约大学戏剧系，但毕业后的他并没有如愿开始其事业，反而陷入了毕业即失业的窘境。那段时间，身为药物研究员的妻子天天外出上班，而李安则担任家庭"煮"夫，在家带孩子，练习厨艺，一待就是六年，内心常常感到无比煎熬。幸好，李安的痛苦只是暂时的。大部分时间，李安就像是一只蜕变前的蝶蛹，在厨房、在简单的家务活儿中不断地忍耐、变化，始终筹划着内心的理想，并将之付诸行动，最终李安成功地拍出了自己的高水平电影，成为赫赫有名的大导演。

蚌忍受暂时的痛苦，收获了绮丽的珍珠；李安忍受暂时的痛苦，收获了美好的前程。

所以，不要幻想突然的时来运转，更不要抱怨缺少机会。或许，机会在来途中悄悄地"睡"着了，而你的坚持就是唤醒它的唯一妙方。从一点一滴的努力做起，制订一个完整的计划，并坚持执行到底，最终的结果一定是美好的。

如果你想收获更多的快乐和幸福，那么就一定要忍受属于自己的那份寂寞与孤独。只有坦然接受这些痛苦，才能迎来暴雨之后的彩虹，等到绝望中的希望与人生的辉煌。

耐心等待的过程，也是一种妙不可言的秘密幸福。悲伤中暗藏着出路，只要你能做出正确的选择来。

自尊是你自己的

人的核心价值体现在：每个人不管地位高低、贫穷富有、有无文化、相貌美丑、职位高低，他的自尊都是不可侵犯的。一个人应该拥有自尊，并且用心去维护自尊。

人的一生没有荣誉和鲜花不要紧，但绝不能没有自尊。不管别人尊不尊重你，首先你一定要尊重自己。只有懂得自尊的人才懂得尊重别人，别人才会尊重你。

松有自尊所以不失其青翠，竹有自尊所以不失其节操，荷有自尊所以出淤泥而不染，梅有自尊所以孤芳凌霜众人赏。

自尊于人就好比脊梁，自尊是一种无畏的气概，自尊是一个人必备的操守。自尊给人提供的不只是一种依托、一种凭借、一种支撑，还让人感到充实，让人永远充满能量，让人永远充满动力。

其实，人的自尊还是一种内涵丰富的修养：自尊是从不趋炎附势、卑躬屈膝，不会因为尘嚣而乱心、不会因为诱惑而动摇、不会因为权贵而折腰。

富贵不能淫、贫贱不能移、威武不能屈，是拥有自尊、维护自尊的基本准则；真诚正义、善解人意、助人为乐，是为人处世的前提；诚实守信、与人为善，是与人交往的准则；光明磊落地做人、大大方方地做事，是安身立命的基本！

而尊重你自己，则是你幸福的根本。

尊严是指作为人所应当得到的尊重。这就自然而然地引出了一个问题：作为一个人，应得的尊重是什么？其答案显然是仁者见仁、智者见智。

不过这些条件都不重要，重要的是，你是否把自己作为一个人来尊重？内在尊严的标准虽然众说纷纭，但是有两条是根本的：一、你愿意捍卫自己的尊严吗？二、你愿意捍卫别人的同等尊严吗？——这里重点是说你捍卫的意愿，而不是捍卫的能力。捍卫的能力每个人各有不同，但捍卫的意愿却绝不可少，这样才能有完整的尊严。

夏洛蒂·勃朗特因为自传体小说《简·爱》而成为19世纪英国著名的女作家，她在书中塑造了代表自己拥有乐观、自尊生活态度的简·爱：她虽然从小就遭遇了贫穷、疾病、孤独、责罚、歧视等不幸，但是仍然乐观又拥有自尊！

简·爱不管面对多少磨难和挫折，永远都能不卑不亢，保持着优雅的微笑和宽广的爱心，顽强应对世间各种冷酷无情的挑衅。她从不为自己缺乏的所谓美貌、权势、门第而感到自卑，她勇敢接受并消化着它们带给自己的一切，努力强化着自己的优势。当她发现自己遇到了爱情的时候，尽管爱的魔力让人失去理智，但她还是对着爱人罗切斯特先生说出了那段掷地有声的、代表人类尊严和人格的经典名言：

"你以为，我贫穷着、我低微，我就没有灵魂、没有感情吗？错！我的灵魂和你一样高贵，我的内心和你一样充实！假如上帝赐予我美貌和财富，我会让你离不开我，就像我现在离不开你一样。我现在并没有按照习俗和常规同你说话，我甚至也不是用肉体在跟你说话。当我们的灵魂穿过历史的坟墓，站在上帝面前时，我们是平等的！"

每个人都应当捍卫自己的尊严，但绝不能只顾自己而不顾别人，否定就说明你对尊严的理解不正确。因为尊严是一个人作为人所应得的尊重，你只给自己这份尊重而不给别人相应的尊重，那你根本没有真正理解什么是尊严，你只是给自己的自私找了一个借口。

因此，不管你怎样定义尊严，只要你照此尊重自己、尊重别人，并愿意为改变社会上的不尊重出一点微薄之力，你就有了内在的尊严。外界可以剥夺你的很多尊严，但永远无法夺走你的内在尊严，因为尊重自己、尊重别人是完全掌握在自己手里的，不能因为外界夺走了属于你的尊严，你就放弃守护自己的灵魂防线，让他们再次夺走你的内在尊严。

外在的尊严永远不可能完美，内在的尊严才是抵挡狂风暴雨的磐石。外界怎么样对待你，永远没有你怎样对待自己重要，这是积极心理学的研究反复验证过的。幸福是这样，人生也是这样。时刻坚守自己的立场，尊重自己和别人，即使一时失意，你自己也会活得积极。

吃点苦算什么

如果你觉得痛苦沉重，就会被它压得喘不过气来；而相反，如果你不在意痛苦，它就会消失得无影无踪。痛苦只是一种感受。如果你总是对突然降临的痛苦心存不满，抱怨上天的不公平，那么痛苦不但不会消失，反而会越来越深重，对你造成更大的伤害。

庙里坐着一群痛苦的人，每个人都在不停地抱怨，期待上天能够赐予他们解脱的法宝。

老沙弥走了过来，微笑着对他们说："大家安静下来，围着坐在一起，敞开心扉，把自己遇到过的最刻骨铭心的不幸说出来，相信用不了多久，那些痛苦就会自然消失。"

人们听了很吃惊，并不太相信，感觉老沙弥是言过其实。然而，当其中一些人按照他的提议去做后，却惊讶地发现，通过倾听别人的故事，才意识到世上还有那么多痛苦，自己经历的痛苦跟别人相比根本就不算什么。于是，人们解开了自己的心结，走出庙门时一个个都面带微笑。

不要一叶障目而不见泰山，否则你的心魔会更加肆意妄为，最后你将因为绝望而败落在一个小小的障碍下。如果你冷静下来，稍微转换一下视角，那么很容易就会把小小的障碍躲开，自己的世界也会豁然开朗。

每个人都有痛苦，每个人也有每个人的幸福，吃一点苦算得了什么？

偶尔向朋友、家人、同事说说内心的困惑与苦恼，这些都是正常的，也是合理的。可是如果你反复不停地在别人面前抱怨唠叨、喋喋不休，塑造出受害者的形象，那么，不管你的经历多么值得同情，那些对你做出可恶行为的人多么难以被饶恕，时间久了，别人都会讨厌你像祥林嫂般喋喋不休的不理智态度。

对于其他人所受的痛苦遭遇，一开始的时候大部分人都会同情和理解，并给予劝解与安慰，有些人甚至还会主动提供援助及支持。可是，如果你自己不去做积极的改善，而继续强化受害者的形象，郁结就会开始在内心生根，彻底摧毁你的士气。少了积极的动力，做事自然就容易失败。出于自我保护的本能，不管多么善良的人也会开始回避跟你来往，这是人的潜意识里想要减少麻烦的正常反应。

为了不产生更大的负面影响，即使是对待痛苦，态度也应该积极一些。因此，人在痛苦难耐时，不要总想着自己应该得到什么，要冷静下来，思考自己接下来应该怎么办。把自己的心结一点点慢慢地解开，痛苦也就会慢慢不见了。

很多人受到委屈后，会变成让人同情的受害者，然而他却在转身进入另外一个环境时，成为这种负面气氛的传播者，其他无辜的人，包括亲人和朋友，则不得不忍受他的抱怨与仇恨。

实际上，一个人如果不得已承受过痛苦，他本该比其他人更能理解这种伤害施加给别人的痛苦，更应该懂得换位思考，尽量不要让别人也受此磨难。如果一个人不懂得克制自己的情绪，只知道无休止地强化自己受害者的形象，那么很容易变成人人厌恶的"行凶者"。无休止的抱怨、不满根本无法解决真正的矛盾，且一点也不能消除痛苦。

要是每个人都能抱着感恩的心态，用心地感受围绕在身边的真实又具体的幸福，比如自己的健康、家人的安宁、生活的稳定……感恩在生活中有幸得到的一些经济保障，这样一来，心火的邪旺就能被浇灭，就再也不会为了满足自己内心的平衡而去伤害别人了。

每当你遇到困难时，一定要记住，不要屈服于忧愁，要坚定地抗拒它，不能让忧愁的习惯得寸进尺。

如果一个人成功的机会比别人多，那么他失败的机会同样也会比别人多一些。同样，如果一个人比别人多一些幸福的体会，那么也肯定会比别人多一些痛苦的体会。没有谁是天生应该受苦的，也没有谁天生就是来享受快乐的。你只有用无所畏惧的态度来面对这一生的苦难，用乐观、感恩的心对待上天给予的酸甜苦辣，机会来临时迅速把握并变换自己的角色，才能享受到事业的成功，也才能拥有真正的幸福。

不管你遇到多大的困难，都不应该轻易地贬低和怨恨自己。过多的负面情绪只会让身处困境的你失去斗志，打乱你的思维和行动，对改变现状一点帮助也没有。因此，不要抱怨自己失去太多，请盘点你所拥有的一切。这时你就会惊觉，在同样的情况下，自己已经比别人幸运很多了，别人梦寐以求的可能就是你拥有却不知珍惜的。这样你就会发现：吃点苦算不得什么的！

活在当下

有一句很著名的话，即"活在当下"。禅师最懂得什么是"活在当下"。有一个人问禅师，什么是"活在当下"？禅师回答，该吃饭时就吃饭，该睡觉时就睡觉，这就叫活在当下。"活在当下"，远远不只是一句感悟的话语，它其实是禅的智慧，是禅教给人们的积极面对人生的态度。

寺院里的落叶，每天早上都会有一个小和尚专门负责打扫。

可是，清晨起床扫落叶实在是一件让人痛苦的事，尤其是在秋末冬初的时候，每一次起风时树叶总会随风飞舞。每天早上都需要花费很长时间才能清扫完树叶，这让小和尚头痛不已，他一直希望能找到一个好办法可以让自己打扫时轻松些。

后来有个大和尚告诉他："你明天在打扫之前先用力摇树，把落叶都摇下来，后天不就不用扫了吗？"小和尚觉得这是个好主意，于是第二天就起了个大早，使劲摇晃大树，想到今天就可以把明天的落叶也一并扫干净了，小和尚开心了整整一天。

可是第二天，小和尚到院子里一看傻了眼，院子里和以前一样，还是落叶满地。这时老和尚走了过来，对小和尚说："傻孩子，无论你今天多么用力地摇晃大树，明天落叶还是会飘下的。"小和尚终于明白了，世上有很多事是无法提前的，最好的生活方式就是踏踏实实地活在当下。

我们大部分的不开心，都是因为我们对身边所拥有的东西视而不见，失去了却又懊悔不已。因此，在生活中，不管情况好坏我们都要抱着积极的心态，不要让沮丧取代热情。生命的价值可以很高，也可以一文不值，就看你如何选择了。如果感觉未来没有希望，那么现在就会没有动力。消极的心态会打击人的信心，让人失去希望。

一天吃过早餐，有人请佛陀指点迷津。佛陀邀请他进入内室，耐心地倾听这个人滔滔不绝地谈论起自己疑惑的各种问题，最后，佛陀举起手，这个人总算住口，想知道佛陀要指点他什么。

佛陀问他："你吃早餐了吗？"

这人点点头。

"早餐的碗你清洗了吗？"佛陀再问。

这人又点点头，张口欲言。

佛陀在这人说话之前说道："碗有没有晾干呢？"

"有的，有的，"此人不耐烦地回答，"现在你可以为我解惑了吗？"

佛陀只是说："你已经有了答案。"然后就将他请出了门。

几天之后，这人终于明白了佛陀点拨的道理。佛陀是提醒他要把重点放在眼前——不要想太多，专心致志地活在当下，这才是人生最重要的道理。

"活在当下"是这样一种生活方式：你必须全身心地投入到当下的人生体验中。当你活在当下，而没有过去拖在你后面，也没有未来拉着你往前时，你全部的能量便会集中到这一时刻，你就拥有了巨大的"张力"。

想要让你的生活丰富多彩，唯一的方式就是活在当下。

如果你的生命走到了尽头，就该问问自己：这一生是否了无遗憾，所有想做的事都做了吗？有没有好好笑过、真正快乐过？

好好想想你这一生吧：年轻的时候，你拼了命想考进一流的大学；毕业后，你又巴不得赶快找一份好工作；接着，你迫不及待地结婚、迫不及待地生小孩；后来，你又整天盼望小孩快点长大，你的负担就可以轻点；小孩长大后，你又开始每天想着能早点退休；最后，你终于退休了，但是你已经垂垂老矣……一直到快要走到生命终点时，你才真正地想要停下来认真地思考一下自己的生活。

事实上，很多人都是这样浑浑噩噩度过一生的。他们劳碌了一生，时时刻刻为生命担忧，为未来做准备，一心一意计划着以后发生的事，却忘了把眼光放在"现在"，等到最后没有时间了才明白"时不我待"的道理。

智者一直告诉大家要"活在当下"，而到底什么是"当下"？简单地说，"当下"指的就是你现在正在做的事、待的地方、周围一起生活的人以及一起工作的同事；"活在当下"就是要你集中精力在当下的人、事、物上，全心全意地对待当下的一切。

可能你会觉得：这还不简单吗？我一直都是这样活着，一直都和这些在一起成长的呀。话是没错，可问题是，你是不是一直活得很匆忙，不论是吃饭、走路还是睡觉、娱乐，你总是没什么耐性，急着想赶赴下一个目标？你总觉得前面还有更伟大的事等着你去做，把宝贵的时间花在了"现在"这些事情上面都是浪费。

大部分人其实都和你一样：不能专心致志地对待"现在"，他们经常会魂不守舍、心不在焉，虽然时间是在当下，但他们却都已经想着明天、明年甚至下半辈子的事。有的人说"我明年要赚更多钱"，也有的人说"我以后要买更大的房子"，还有的人说"我打算找更好的工作"。后来，钱果真赚了很多，房子也换得更大，职位连升了好几级，但是，他们却没有因此而变得更快乐。尽管已经达到了原来设定的目标，但他们还是不满足："唉！我应该再多赚一点、职位更高一点、想办法过得更舒适一点！"这就是没有"活在当下"，就算得到再多也不会觉得快乐，现在不满足，以后也永远不会满足。很多人都不知道，其实真正的满足和快乐是在"此时此刻"，而不是在虚无缥缈的"以后"，你不必等到以后才能拥有自己一直想要的美好，只要记得"活在当下"，很多东西你现在就已经拥有了。

其实说到底，"活在当下"的本质还是自由自在、无拘无束、无牵无挂地活好每一秒钟。一秒钟之前的你，已经不再是你，已经属于过去。过去留不住，谁能从过去抓回些什么？逝去了的青春，逝去了的爱情，逝去了的生命，抑或逝去了的金钱、荣誉、地位？过去就像烟花，在空中一闪，就消失不见了。妄想留住过去，只会是竹篮打水一场空。而一秒钟之后的你，也不是你，那又属于未来了。未来你也抓不住，未来只不过是一个幻想。幻想就像一个个飘浮在空中的肥皂泡，虽然在阳光下色彩斑斓，但却不真实，转身就破；一座建立在沙滩上的城堡，转眼间，沙散，楼塌。好运气不会总是降临到我们身上，迟早有一天我们要承受希望破灭的痛苦。过去的已经过去了，未来的还没有来，真真正正属于我们的，只有当下。

如果让你选择一秒钟，你是选择快乐的一秒钟，还是选择痛苦的一秒钟呢？你是选择幸福的一秒钟，还是选择烦恼的一秒钟呢？你是选择清静的一秒钟，还是选择忧虑的一秒钟呢？你是选择智慧的一秒钟，还是选择无明的一秒钟呢？选择不同，得到的结果也不同。幸福与快乐其实已经很明了，它们就在你的一念之间。你已经知道正确的答案，只需要做好选择就能拥有幸福的人生。

人的一生就像一个时钟。我们在早已设定好的圆圈里轮回，每个人都有各自的轨迹。过去的，我们已经无法改变；未来，我们还不知道会发生什么。我们在无明里烦恼，忧虑，痛苦，叹息，生老病死，悲欢离合。我们面对生命的消亡、爱情的幻灭、幸福的缥缈，痛苦不已，无可奈何。而真正属于我们，我们最终能掌控的，只有当下。一秒钟是那么短暂，但生命就是由无数个一秒钟连接而成的！

你选择一秒钟的快乐，这一秒你就是快乐的。无数的快乐连起来，就流成了一条快乐的河。你选择一秒的幸福，这一秒你就是幸福的。无数的幸福连起来，就汇成了幸福的海洋。快乐很简单，幸福也很简单，就像把自己的手掌翻转过来一样，谁都做得到，只要一秒钟就足够了。

只要一秒钟，就能做好人生最大的课题。快乐自己，就在这一秒。幸福离我们永远只有一秒的距离。人一生下来，除了向着死亡狂奔外，另一个目的就是快乐、幸福。我们终其一生都在寻找幸福和快乐，但是却始终像小猫抓自己的尾巴般永远差那么几步，眼看就要抓住了，却又总是追赶不上。但它又总在我们身边不停地晃，吊我们的胃口，激发我们的欲望。幸福就在那里，可望而不可即，幸福就像莲花，可远观而不可亵玩。没有人不希望获得幸福！

于是，就有人写下了随笔《幸福在远处》，观者数十万，赞者不计其数。事实上，说幸福在远处的人只是捕风捉影，最后，那位作者做出了幸福就在内心的结论。字字珠玑，不禁让人深感敬佩。

其实，幸福一直都在我们的心里。当我们静下来感受内心时就会发现，想从心外去寻求幸福的人，和那些拼命追逐自己影子的人一样可笑。当浮华散尽、尘埃落定，生活的真谛便会水落石出，渐渐露出真面目。人到中年，总会有"梦里寻她千百度，那人却在灯火阑珊处"的感慨，有"踏破铁鞋无觅处，得来全不费工夫"的感悟。幸福与不幸福，全在我们的一念之间，在于当下的每一秒钟。

这一秒钟只属于我们，大胆去做你想做的事、去爱你真正想爱的人吧。学会珍惜眼前人、眼前事，不问过去，不想未来，你就能够收获快乐。活在当下，专注于当下，用心于当下，你就能够获得幸福。

怀着感恩的心活在当下，永远感谢，这一秒我还活着。

怀着敬畏的心活在当下，知道自己不是浩瀚时空里的唯一主宰。

怀着仁爱的心活在当下，老吾老以及人之老，幼吾幼以及人之幼。

怀着慈悲的心活在当下，无缘大慈，同体大悲，一切都是我心中的一部分。

活在当下，就是怀着阳光一样的内心去过阳光的生活，就是有理想、有智慧、有尊严地活着，就是让我们拒绝做生活的奴隶而成为生活的主人！

"活在当下"，是对心灵的净化、精神的升华，是用智慧改变自己，勇敢、真诚地面对生活。

适合自己的就是最好的

在我们的一生中，很多人可能都没弄懂，最好的不一定是最合适的，最合适的才是最好的。同样，最美丽的不一定是适合我们的，但适合我们的一定是最美丽的。

有句话说得很有道理："鞋子合适不合适，只有脚知道。"所以，任何事情只有亲自尝试了，并感同身受以后，才会知道是否适合。

在我们平时的生活里，每个人的个性和爱好不同，所以，评判事物好坏的标准也不同。

可能有些会让人觉得偏激，可能有些会让人觉得不上档次，但那才是最适合自己的。是自己需要的，就是最好的。

"情人眼里出西施"就是很典型的例子。每个人都有不同的爱好，审美不同，需求不同，对美的感觉也不同，毕竟"萝卜青菜，各有所爱"。

水中的鱼儿虽然不能像鸟儿一样自由自在地飞翔，但是水最适合鱼儿，它就是最好的。鸟儿也一样，如果要它生活在水中是不适合的，只有找到适合它的位置、适合它的环境，它才能感觉到万物的美，感到自然的和谐。

对于人类来说，每个人的人生轨迹都是不同的，每个人都要找到适合自己的位置，如果让一个想当医生的人去经营生意，他一定不会开心。

这个道理适用于万事万物。如果非要把南方的植物移植到北方，那只能有一种结果，植物会因为适应不了北方的环境而不能成活，所以必须因地制宜才可以。

道理非常简单，天下没有两片完全相同的叶子，每个人都有不同的个性，都有自己想要的成长轨迹和发展目标，每个人选择最合适的，就是最好的。这样我们才愿意拼尽全力去奋斗，才会保持好的心情和不懈的追求。

在现实生活中，每个人的人生都是不可模仿和复制的。那些成功人士的模式、那些成功的理论你可以借鉴，但你最终还是要找到适合自己的方法才不会让人感觉像"东施效颦"。

不管是在学习和工作中，还是在选择婚姻伴侣时，我们都应当遵循这个原则，只有找到适合自己的方法才能有好的学习效果，只有找到适合自己的伴侣，举案齐眉，才能白头到老。

投资生意、选择工作也是同样的道理，选择适合自己的，经过认真的思考，对比自己的优劣而做出的选择，是基于现实、冷静思考后的选择。

选择适合自己的，需要认清自己，明白自己真正想要的是什么、想做的是什么，知道怎样做才能让自己感觉到美好，要清楚地了解自己的实力到底有多少，不要贸然去做远远超出自己能力范围的事。

选择适合自己的，是对自己人生的合理安排，是避开失败和弯路的一种选择，是结合自身条件的客观选择。

有时候我们会被别人戴上一些闪亮的光环，但是当我们承受不了的时候，这些光环就不再适合自己了。要懂得舍弃，然后再切换到适合自己的状态和位置。

同时你要明白，一样东西适合别人，不一定就适合你；适合你的，也不一定适合别人。所以，只要你能找准自己的位置，选择适合自己的方向去发展，你就能拥有最好的人生。

有人去做演员，因为他长袖善舞；有人选择平凡，因为他淡泊名利；有人选择经商，因为他眼光独到……这些人都合理地发挥了自己的长处，选择了适合自己的工作。

　　再者，人本来就是为自己活着的，想让自己活得舒服就不要去做不适合自己的事情。不要去盲目跟风，你要结合自己的实际情况做出判断。不要看人家考公务员就去跟风，不要看人家做生意自己也想挤进商海，不要看人家的孩子进重点学校就想着让自己的孩子也去，生活中是最不能有虚荣心和攀比的。

　　生活中会有些说不清对错的事，因为有时候一件事也许对于别人是对的，但对于你却是错误的。每到有所抉择时都要认真考虑一下，自己是否适合，自己是否需要，自己是否能承受？如果回答全部是肯定的，那它们就是合适的；如果你在回答时还有疑虑，那就打消这些念头吧，因为它们并不适合你。

　　回想过往，我们曾经因为冲动、因为生气、因为虚荣而强迫自己去做一些认为适合自己的事情，可事实证明，当自己感到不舒服、不自在的时候就是不适合的。等到事情过去以后，我们在后悔和感叹中终于明白：强扭的瓜不甜，一定要选择真正适合自己的。

　　想要获得幸福和快乐，那就选择适合自己的，否则，只会收获痛苦和失败。所以，不要自讨苦吃，只有选择适合自己的才能拥有真正踏实而快乐的人生。

做好自己

现代社会，可能很多人都有过这样的感受，我们非常忙碌，每天都在奔跑，奔跑似乎成了人生的全部，每时每刻都要面对现实生活中的种种问题，诸如工作的危机、房价的压力……简直要把我们所有的精力都压榨殆尽。

每天人们都会给我们提出不同的要求，或是出于爱，或是出于责任，或是出于义务——长辈需要我们对家庭承担更多的责任，领导需要我们承担更多的工作，子女需要我们提供更加优越的生活。

还有一种折磨是我们不得不忍受的。小时候，是谁谁家的孩子学习好，你为什么比不上人家；长大了，是谁谁谁的爱人工资高，你为什么比不上人家；工作了，是谁谁谁的单位福利好，你为什么比不上人家……

对，我们永远比不上"别人"。

可能有人说我们是"少壮不努力，老大徒伤悲"。真的是这样吗？我们一直在默默努力和坚持，只是结果不一定是我们想要的而已。

我们的人生难道注定要这样备受折磨吗？

不，我们不用伪装坚强，我们可以慢下来，等一等自己疲惫的灵魂，寻找原本属于自己的生活；我们不用执着于追求完美，人生正是因为有了些许缺憾才值得我们认真地活一次。最重要的是做好自己。

在一个狂风暴雨的夜晚，一棵柔弱的小草被踩躏得东倒西歪，望着自己头顶的参天大树，小草微弱地说："树哥哥，为什么你长得这么高大，而我……"

小草还没说完，大树便开口了："其实做一棵小草也很好，你不要盲目羡慕我的高大，我的痛苦也是你难以承受的！"

"不，不，树哥哥，我们交换一天试试吧！就一天，一天，好吗？"

第二天，小草变成了大树，而大树则变成了不起眼的小草。

这个夜晚还是狂风暴雨，狂风猛烈地吹打着大树的身子，刮出了一道道深深的伤痕。狂风怒吼着，向大树席卷而来。暴雨疯狂地敲打着大树，叶子纷纷落地。最可怕的是一道弧形的闪电直劈下来，参天大树瞬间便被劈成了两半。而和小草交换了的大树的情况又怎么样呢？嘘，在这暴风雨中，它像孩子一样吮吸着雨妈妈的乳汁，轻轻地睡着了。

所有的事物都有两面性，富有的人不一定悠闲，位高权重的人不一定安然。记住，你有自己独特的风格。无须羡慕高山，高山也有孤寒；无须羡慕大海，大海也有咸涩。做好自己，你就能成为风景！

你才是自己生活中的唯一，不要太在意别人的看法，最重要的是你要问心无愧。

过于在意别人的想法只会扰乱自己的分寸，分散自己本该用于思考的精力，让人生迷失方向。只有坚持走自己的路，从不因为别人的眼光改变自己的心意，这样才能拥有快乐的生活状态。

人，终究要为自己活着。

人是种非常奇怪的生物。很多时候，会因为顾忌别人的看法而改变初衷。明明知道应该"走自己的路，让别人说去吧"，不必理会别人怎么说，不必在意别人的脸色，但是当事情真的发生时却又开始控制不住地在意别人的看法。

事实上，别人的看法有对有错，而且立场不同，最重要的还是自己问心无愧！人生的束缚实在是太多了，何必再给自己找罪受呢？人活着，不是给别人看的，而是为自己而活！如果一个人没有自我，做什么事都喜欢瞻前顾后、畏首畏尾，那这个人活得就太累了。

所以，永远不要幻想让每个人都对自己满意。任何人都没有必要因为别人的讨厌而对自己失望，应时刻提醒自己：就算你再怎么卓尔不群，不喜欢你的人还是会不喜欢你。所以，根本不需要去在意是否有人不喜欢你，自己开心是最重要的。

作为 20 世纪美国著名的小说家和剧作家，布思·塔金顿著有很多伟大的作品，其中《了不起的安德森家族》和《爱丽丝·亚当斯》都获得了普利策奖。

在一次艺术家作品展览会上，有两个小姑娘非常虔诚地请他签名。

为了表现自己作为一个著名作家谦和地对待普通读者的大家风范，布思·塔金顿问道："我没有带钢笔，可以用铅笔吗？"其实他知道她们是不会拒绝自己的。

女孩们果然开心地答应了："当然可以。"一个女孩很快拿出一个精致的笔记本来递给了布思·塔金顿。他取出铅笔，潇洒自如地写上几句鼓励的话语，又签上了自己的名字。

没想到女孩看过他的签名之后却皱起了眉头，又仔细地看了看布思·塔金顿，问道："你不是罗伯特·查波斯？"

"不，我是布思·塔金顿，《了不起的安德森家族》和《爱丽丝·亚当斯》的作者，两次获得过普利策奖。"

结果这个女孩竟然不屑地耸耸肩膀，扭过来脸对着另外一个女孩说："玛丽，让我借你的橡皮用用。"

布思·塔金顿瞬间感到无地自容，再也没有一点儿骄傲和自负。回到家里，布思·塔金顿仍然沉浸在刚才的不快中而感到十分难过。这时，他的儿子走上前来，给了布思·塔金顿一个橘子。布思·塔金顿的儿子非常喜欢吃橘子，可布思·塔金顿本人就是再好的橘子也不喜欢吃。于是，儿子开始告诉爸爸吃橘子的好处：橘子富含维生素 C，多吃对身体好。心情烦躁的布思·塔金顿回答道："我根本就不喜欢橘子的味道，再好吃的橘子我也不会喜欢的。"

刚说完，他就反应过来了，心情很快就变好了。原来，他刚才顿悟了一个道理：再好的橘子也有人不喜欢，人不也一样吗？

我们做不到让人人都喜欢自己，即使是自我感觉很优秀的时候也要时刻提醒自己：无论你怎样卓尔不群，不喜欢你的人还是不会喜欢你。

生活中有人会因为别人的标准而放弃自己的意愿，就像恋旧的人总喜欢回忆过去，在别人的评价里找寻自我存在的价值。这真是太悲哀了！

体育明星迈克尔·约翰逊被人称为"飞人"，他曾这样感慨过："不要在意别人的眼光，要永远有梦想，并且相信自己。"他说到并且做到了。

迈克尔从来没有在意过别人对他的评价。世人永远不会忘记他那独特的跑步姿势——挺胸、撅臀、梗着脖子。在《阿甘正传》这部电影出现之前，人们给他取的绰号是"鸭子"，后来他才被人称为"阿甘"。很多人抨击过他的跑步姿势，但他从不生气，也没有想过改变自己的跑步姿势。他说："我的跑姿和身材有关，是自然形成的。很多人都批评过这种姿势，说这种跑步姿势在技术上非常不合理，但我一直坚持用这种跑姿。"

正是这奇特的跑步姿势帮迈克尔拿到了5枚奥运会金牌和9枚世界田径锦标赛金牌。最具有传奇色彩的是在1996年的亚特兰大奥运会上，国际田联和国际奥委会破天荒地专门为他修改了田径赛程，把400米和200米半决赛之间50分钟的休息时间改为4个小时。这个"善意的体谅"最终让迈克尔在那4个小时里同时拿到了200米和400米两项金牌。

迈克尔在2000年悉尼奥运会上拿下了400米和4×400米冠军（最后一棒）后宣布退役。人们对着他33岁的背影说："他留给我们的，是几个属于21世纪的纪录。"

迈克尔现在从事的是体育教学，他告诉孩子们："永远都要相信自己，不要太在意别人的眼光。"

这几条建议送给平时太在意别人眼光的人：

1. 你要问清楚自己，你想要怎样的生活，你想获得怎样的快乐。应弄明白自己到底需要什么、不需要什么。搞清楚了这些问题后，你基本上便可以得到初步解脱了。

2. 本来简单的生命，却因为人们一心想在别人心目中留下一个完美无缺的印象而把许多事情都搞复杂了，这有什么必要呢？别人怎么看你，那是他的事。有时尽管你很努力了，别人仍会觉得你如何如何，你总不能一辈子为了他而活吧？很多时候你越是想好好表现，最后反而会越表现得不好，还不如干脆什么都不要怕，大胆做自己就好了。

3. 你不需要管别人怎样怎样，活好自己就可以了。大家都在做自己的事情，你也把注意力放在做事情上吧，不要总惦记着别人是怎么评价你的。你把事情做好了，大家自然会用欣赏的眼光注视你。整天在一些无关痛痒的小事上纠缠不清，那纯粹是作茧自缚。在别人的心里，你远没有自己想象的那么重要，就不要再顾影自怜和自作多情了！

4. 人是有生命的，要有主动性和能动性。你需要主动去寻找快乐，主动运动，主动做你喜欢做的事情！不喜欢的人、不喜欢的环境，就暂时避开吧。要用自己喜欢的方式散散心，调整好心态！

想让所有人都说你好，这不仅难，而且累。只要按照自己的原则，根据自己的价值观和人生观去做事，就能活得精彩。

有句话叫作"态度决定一切"，我们不能左右别人的看法与观点，但我们可以坚定自己的信念，可以选择自己的做法。至于别人的评价，对我们而言只是参考，可以以接纳的胸怀和谦虚的态度从中汲取有价值的营养，但绝不能动摇自己的原则与决心！一个人活着的目的不是要让别人认可你，而是发现、创造和享受人生的快乐。一个人要懂得珍惜生命、享受人生，这样活着才算是有意义地活着。

生活中，你可能会在意别人对你的看法，但一定不要太过在意，因为他们不一定会在你的生活中停留太久，有的只是匆匆过客，你还在意什么呢？如果你身边总是有人对你指指点点，你大可以不去理会，他们的意见根本无足轻重，因为真正专注于学习工作的人不会对别人说三道四，所以最大的王道就是：做好你自己！

你自己是什么料子只有你自己明白，别人永远不可能比你自己更懂你。但丁这句话很有道理——"走自己的路，让别人说去吧。"是龙，终究会遨游九州；是虎，终究会狂啸山林。努力地做出成绩来让当初反对你的人无话可说，用行动证明自己是正确的，开创出属于自己的天空。

做好自己，你才能获得向往的未来；做好自己，你才能让自己的人生路上没有任何缺憾；做好自己，你就是你，是不一样的烟火。

学会坦然接受

　　人活着，永远不可能事事尽如人意，很多事情都是我们无法控制的，比如挫折失败、生老病死、地震雪崩以及各种不幸的遭遇，但是我们可以选择自己的心情。荷兰阿姆斯特丹有一座15世纪的教堂遗迹，"事必如此，别无选择"，遗迹中的题词让人过目不忘。

　　你必须学会接受自己无法改变的事情：不幸或不公的厄运。现实若无法改变，你就必须学会坦然接受。接受现实是克服所有不幸的第一步，即使你不接受命运的安排，也无法改变既定的事实，所以你只能改变自己。

　　人们往往认为是发生的某件事情导致了我们的某种情绪，但美国心理学家埃利斯却认为，是我们内心的观念或者说心态决定了我们的情绪。也就是说，不要认为你现在的一切情绪都是现在的事件、现在的人、现在的关系导致的。从表面上看是这些因素决定了你的爱恨情仇以及种种情绪，事实上，是你自己内心对事情的想法和态度带来了你的负面情绪，而这是完全可以用积极的心态去改变的。从这个角度来说，我们完全有能力左右自己的心情。怨天尤人没有实际用处，早早接受现实对自己会更好。你可以对自己说：是的，虽然我不情愿，但这已经成为事实了，我还能怎么样呢？

　　最好的办法是，先接受现实，然后再去思考：自己是不是有能力脱离这样的现实？人生，总会在接受现实后在新的起点重新开始。

　　有位哲人曾经这样说："人类应该有三种智慧：第一，努力做好自己能够改变的事情；第二，接受自己不能改变的事情，不要为了自己不能改变的事情而苦恼；第三，有智慧去辨别这两种事情。"

人生的美好和残酷都在于它变幻莫测，永远充满着变数。如果它能给我们带来快乐，当然是很美好的，我们也会开心地接受。但事情往往并非如此，有时，它带给我们的会是可怕的痛苦，如果我们不能学会接受它，那就会让痛苦占据我们的心灵，从此生活中便再也没有阳光和快乐。

面对无法改变的事情，诗人惠特曼说："让我们学会像树木一样，用顺其自然的态度面对风暴、黑夜、饥饿、意外等挫折。"你不要把这理解为不思进取和逆来顺受，恰恰相反，这是一种非常积极豁达的人生态度。

接受现实，并不是让我们束手就擒，承受所有不幸，只要有任何可以挽救的机会我们都该拼命改变现状。可是，如果你发现情势已经无法挽回了，那么最好不要再幻想什么奇迹，你要理智地接受不可避免的事实。只有这样，你才能掌握好人生路上的种种平衡。

假如你不希望残酷的现实将你打倒，就要学会接受并顺应无法改变的事实。请记住比尔·盖茨的忠告：很多残酷的事实，是我们无法逃避也无所选择的，抗拒不但可能毁了自己的生活，还可能会重重地打击到自己的精神。所以，如果我们无法改变不公和厄运，就要学会接受它、适应它，并开始新的生活。而且，除了坦然接受厄运外，我们还要学会坦然接受他人所给予的善意和帮助。

接受帮助，不但积极回应与尊重了给予者，也认同并肯定了给予者所传递的爱心和温暖。我们的接受，不仅能让给予者感到快乐，同时也彰显了给予者的善心和义举，这将洗涤他们的心灵、升华他们的情操。当我们需要帮助时，学会坦然接受，这也会在内心播下感恩的种子。收下给予者的爱心，并且将这爱心传递与回报给其他人，让关爱之情延绵不断，便是最好的回报方式。

人们经常因为过于强调礼让和婉谢而忽视了接受，学会感恩先要学会接受。学会接受，一定不能因为接受而自卑，感觉自己是弱小和被怜悯的、低人一等的。依靠自己的力量当然很重要，但在需要别人帮助时，坦然接受才是明智的做法。生命中有那么多陷阱，人生有那么多困顿，每个人都有自己的障碍和局限，如果我们遭遇了不幸，应当勇于接受别人的帮助，克服挫折，走出困境，让人生掀开新的华美篇章。

因此，不论是不幸的现实还是善意的帮助，我们都应该坦然接受。

第三章

像射出的箭一样前行

前方等待我们的不一定是荆棘，不一定是陡峭悬崖，不一定是泥泞不堪，而是成长，是快乐，是希望，是信念，是责任，是挑战，是突破……

向前走，就算生活非常痛苦，道路走得非常艰难，我们也要向前走，努力向前走，勇敢向前走，大步向前走，无所畏惧地向前走！

坚持自己的梦想

你应该静下心来好好想一想，你最想要的东西是什么？然后，倾尽一生的力量为最想做的事去奋斗。

你可以成为什么样的人、会有什么样的成就，关键在于你构筑了什么梦想，因为不同的梦想会产生不同的结果。如果你有梦想，你就会天天在奋斗中生活，天天在期望里活着，精神是活跃的，人也是充满活力的。人只要有了梦想，每件事也都充满了意义。同时，你也会发现，混日子与专注于追求梦想这两种生活简直有着天壤之别。梦想有强盛的生命力，它可以带着人们去走人生的路，就好像是生命有了后盾，生活有了前瞻，进退有凭有据，那样才不至于感到茫然。假如连梦想都没有的话，生活很容易疲乏，在不知不觉中便会成为行尸走肉、成为生命的游魂。伟人所取得的成就难道你不钦佩吗？所有的伟人都是追梦者，假如你仔细呵护自己的梦想，让它安然地度过狂风暴雨，你的梦想最终也会在阳光下绽放。

梦想是人类的先锋，是我们前进的引路者，它可以让人们的生活非常有意义。非常多的人能从困境中解脱出来，都应归功于一些梦想者，我们应该感谢人类的梦想者。他们一生劳碌、不辞艰辛，弯着腰流着汗，替人类开辟梦想的道路，现在的一切不过是过去各个时代梦想的综合和现实化。

对世界最有贡献最有价值的人，一定是那些目光比较远大、具有先见之明的梦想者，他们能用智力和知识为全人类造福，拯救那些目光短浅，深受束缚和陷于迷信之中的人。

　　每个人都应坚信自己期待的事情可以实现，并且把它化为自己一生的信念。努力向上的结果就是成功在你的身边。追随梦想，你可能遇见陌生的自己，一个更坚强、美好、深刻而才华横溢的自己。一定要呵护好你的梦想之火，假如你知道自己要去向哪里，世界就会为你让路。

　　有一个很有梦想的小男孩，他的父亲是一位驯马师，他们四处漂泊，从一个马厩到另一个马厩、一个赛马场到另一个赛马场、一个农场到另一个农场、一个牧场到另一个牧场，给人驯马。所以，这个男孩的学业进行得并不是很顺利。有一次，老师让他写一篇作文，让他讲一下自己长大以后想成为一个什么样的人、想做什么。

　　那天晚上，他洋洋洒洒地写满了 7 页纸，把他的伟大目标给描述了出来：有一天拥有自己的牧马场。他还画上了一张 200 英亩（1 英亩 = 4046.86 平方米）牧马场的设计图，上面标出了所有房屋、马厩和跑道的位置。然后，他又在那片方圆 200 英亩的牧马场中详细画出了一栋 4000 平方英尺（1 平方英尺 = 0.0929 平方米）豪宅的平面图。第二天，他把作文交给了老师。两天后，他把作文拿了回来。作文封面写着红色的大字："不及格"，并且还附上一张纸条，上面写着："下课后来见我。"

　　下课后，这个胸怀梦想的男孩去见老师，他问道："为什么我得了个不及格？"老师说："对你这样年幼的孩子来说，这个梦想非常不切实际。你没有钱，你的家人四处漂泊，你也没有资源。拥有一个牧马场需要一大笔钱，你要花钱买地，你要花钱买纯种马匹，还要花钱给母马配种，但这些你都没有办法做到。"老师接着说，"如果你愿意重新写一个更切合实际的目标，那么你的分数我会重新考虑的。"

　　那个男孩回到家，沉思了很长时间。他问父亲，自己该怎样做。父亲说："儿子，你得问自己的内心，你得自己拿主意。"他考虑了一个星期，最后，他去见了老师，把一字未改的原稿交给了老师。他对老师说道："你留着你的不及格，我留着我的梦想。"

后来，那个名叫蒙提·罗伯茨的男孩长大成人，他拥有一栋4000平方英尺的豪宅，坐落在一片方圆200英亩的牧马场中央。那份作文被他装裱后，在壁炉的上方挂着。有一年夏天，那位给他不及格的老师带着30个学生到他的牧马场上露营了一个星期。离开的时候，老师对他说："蒙提，我当你老师的时候，差点儿把你的梦想给偷走了。那些年，我把非常多学生的梦想都偷走了，而幸运的是，你意志坚定，没有放弃自己的梦想。"

一定要远离那些贬低你的抱负的人。目光短浅的人常常都会那样做，但真正的伟人会让你知道自己也能成为伟人。

要有野心

法国有一位画家，年轻时非常贫穷。后来，他以推销装饰肖像画起家，在不到10年的时间里便迅速跻身于法国50大富翁之列。但非常不幸的是，他患上了癌症。去世后，报纸刊登了他的一份遗嘱。在这份遗嘱里，他说："我曾经是一个穷人，在以一个富人的身份跨入天堂的门槛之前，我把自己成为富人的秘诀留下来了，如果谁可以回答'穷人最缺少的是什么'并猜中我成为富人的秘诀，那么将得到我留在银行私人保险箱内的100万法郎，作为其揭开贫穷之谜的奖金。"

遗嘱刊出之后，有上万人寄来了自己的答案。一部分人认为，穷人之所以会穷，是因为缺少机会；有一部分人认为，技能是穷人最为缺少的，有一技之长才能致富……

后来，他的律师和代理人在公证部门的监督下把他的致富秘诀公开了：穷人最缺少的是成为富人的野心。

人生的道路曲曲折折，但成功的大方向从来都没有改变。只要把方向看准了，不时地对具体的计划予以修正，就可以到达成功的巅峰。

人生中有些事情非常无奈，每个人在踏上新的历程时都没有办法确切了解自己到底要怎样向远方进发，到底要怎样才可以达到目标。

我们应边走边学，如果愿意调整一下人生的方向，新学到的东西会颇有助益。除非我们踏上追求目标的奋斗旅程，要不然我们会没有办法处理一些新的资讯，而这些新资讯在我们努力扫清途中障碍时会发挥作用。有些东西看上去非常炫目，但当你走近一点却发现平平常常；有的东西看起来好像混混沌沌，但是你愈靠近愈见其光彩照人。人生旅程的景观总是在发生变化，向前跨一步就会看到与初始不同的景观；再上前去，又可以看到另外一番景象。想随时掌握人生的进度与方向，就需要勤奋不懈的努力以及持久的耐心。

在你的城市创建一个最大而且最成功的企业，假如这就是你人生的最终目标，你就要坚持到底，努力拼搏。这样随着岁月的流逝，你的知识及经验都会不断增长，或许有一天你会发现，在不知不觉中你已经实现了自己早期的人生目标，你所创立的企业现在已是全市或全国最大且最成功的企业！

在你行进途中，方向是最为重要的。当你失去了正确的方向，就会有一些问题出现。例如，一家制造电器用品的公司连续几年都在某一件特殊产品上特别用心，直到公司成为该产业的翘楚为止。可是，当该公司所生产的特殊产品不再被消费者需要时，就是其要关门的时候了！这个情形的"潜台词"是，该公司将一个非永久有需求的产品带进一个有限的市场，不管是成功还是失败，企业所依赖的都是这个产品，这是错误的。你千万不能将自己的目标局限于某一个可能马上就会结束的方向上，而应该选择一个方向，并且可以包容改变，从改变中吸取经验，做出适时的调整。也就是说，在人生的道路上前进时，要有调整方向的弹性。

不敢随时修正计划，多半是因为自身欠缺安全感。这种人必须改变观念，不要再误以为所谓卓越就是什么都要知道；要敞开心胸，接受新观点以及随之而来的新变化，并放宽自己的视野。

通往成功的道路往往迂回曲折，你一定要预先做好应对的准备。假如你把目标定得非常清晰明确，在前进的过程中就可以根据实际情况将这一切迂回曲折统统纳入计划中。在不断修正的过程中，你的"野心"也会逐步实现，那么，成功就自然指日可待了。

假如你暂时还没有成功，没关系，只要你有"野心"，有把"野心"

贯彻到底的智慧和毅力，你的野心越大，越执着，你成功的可能性就越高。但是，"野心"不是天生具备的，是需要我们在后天培养的，遇到困难的时候要勇敢地去接受，不要想着逃避，只有这样，我们才会离成功越来越近。

为自己创造机会

人生就像是张白纸一样，有的人能在上面画出绚丽的图画，有的人只在这张白纸上简简单单画了几笔，有的人画得一塌糊涂，有的人保持着空白不去画它。人生到底会有怎样的结局呢？最为重要的一点就在于自己的心态与机会。

机会与我们的人生事业联系得非常紧密。在人的一生当中，有的时候，一个非常偶然的机会就可能让你走上一条康庄大道，从此平步青云、财源滚滚。然而，人们常常感叹："为什么好的机会别人都有，而我没有？"

其实，机会不会莫名其妙地降临到你身上，任何一个机会的来临都跟自己过去的努力分不开。

有非常多的人错误地认为，自己现在运气不好，只是"贵人"还没有到来而已，一旦"贵人"出现，自己便可以不费吹灰之力就出人头地了。这种等待"贵人"出现的心态是有百害而无一利的，其实是希望自己可以什么都不付出就获取非常丰厚的收获。

人的一生总希望遇到非常多的好机遇，但机遇是随顺因缘的，它是需要我们去及时把握，甚至要靠我们主动争取主动去创造的。西方的谚语说："天才是时时刻刻寻找机会，或许他们做的都是别人不愿意做的工作，永远不怕做别人从来没有做过的事。"就算是天才，也要比别人付出更多，努力把握好机会。

你等待下一个机会究竟等待了多长时间呢？别再等了，别把人生浪费在等待中，看到别人为自己创造的机会了吗？他们可以，你同样也可以。

机会不是等来的，是创造来的。

有一个美国人从十几岁开始就到一家银行贷款，刚开始是50美元，只要一到期就归还，非常守信用。等了一段时间之后，他将贷款金额增加到了100美元，又是只要一到期就归还。隔了几年，这个美国人大学毕业了，他需要一笔200万美元的资金来创办一家属于自己的公司，于是就到银行申请贷款。他的贷款很快就被银行批准了，他也非常顺利地成立了自己的公司。

在经济不景气的时代，银行到底是怎么同意并且愿意把这么大一笔贷款给一个刚刚毕业的大学生的呢？

原因非常简单，因为从他在银行借的第一笔贷款到他大学毕业将近十年的时间，累积了非常好的信用记录。同时在办理借款时，他积极主动认识银行的工作人员，上至总经理下到营业员他都交了朋友，累积起了彼此的信赖感。于是，就非常轻松地把这一笔百万元的资金拿到手了，可以开创自己的事业。

另外，还有一个美国人名叫包克，荷兰是他的出生地，他在贫民窟长大，生活非常贫穷。他只读过六年书，很小的时候就开始做杂工、当报童。这样一个穷孩子看起来好像一点成功的希望都没有，机遇与幸运对他实在是太吝啬了。然而，13岁那年，他偶然间读到了"全美名人传记大成"，随后突发奇想要和那些名人直接交往。他采取最简单的方法——写信。在每一封信中，他都会提出一两个能够激起收信人兴趣的具体问题。他的方法非常有效，有非常多的名人给他回了信。

此外，他只要知道有名人来自己所在的城市参加活动，不管用什么方法都要进入相关场所，与所仰慕的名人见上一面。当见到名人时，他通常都只简短地说几句话便礼貌地离开，绝不多做打扰。就这样，他结识了各个领域非常多的名人。

后来，包克成为《妇女家庭杂志》的总编。凭借他多年与名人的交往，他邀请他们为杂志撰稿，被他邀请的名人也很乐意执笔，所以杂志非常畅销。包克自己也因此在出版界声名大噪。

前面两个故事中的主角都是善于为自己创造机会的人，与人交往他们用的都是非常简单的方式，并且保持良好的互动，增加彼此的信任，于是才能在适当的时候主动创造并掌握成功的机会，开创出人人都羡慕的事业。

第二次世界大战结束后，美国建筑业发展得非常迅速，到处都可以看到招募工匠的广告。一时间，建筑工匠的行情看涨，待遇也在不断升高，其中有位曾经做过这类工作的年轻人，一听说城里正在高薪招募工人，马上把自己手上的工作全部放下，进城寻找新的工作机会。然而，当他到达城市之后，看到四处张贴的广告开始感到困惑了：没想到工匠的需求量这么大，哪一家公司福利比较好、比较稳定？他烦闷了很长时间，忽然跳了起来，开心地敲了一下自己的脑袋，若有所思地说：我何必去应征工匠呢？只见年轻人立即启程，回到家乡，筹了一些资金，接着又回到城里租了一间小店面。第二天，他在门口张贴了一张广告纸，上面写着：资深工匠培植新人训练所。有非常多想去应征工匠的人，因为没有这方面的技能多数都无法被录用，所以当他们听说有这么一间训练所后，纷纷上门求教，并且当场就把学费交了。这个头脑灵活的年轻人，转了个弯，利用其专业技能，大获成功。

许多成功者都这样告诉想要开创事业的人：或许你根本不需要等待机会，因为，你可以为自己创造机会。我们的方向在哪里，我们的机会就在哪里，与其静静等待别人给予机会，还不如自己去主动创造机会。我们的手里有的是机会，就看我们能不能察觉了。就像故事里的工匠，就算是在非常有利的环境中还是做出了机智的选择，并且把自己的优势发挥出来，为自己开拓出一片新天地。

培根说："智慧之人所创造的机会，远远超过他能遇见的机会。"一个非常好的机会，可能因为懒惰而化为乌有，而普通的机会可能因为自己的勤奋变成了一个良好的机遇，所以要成就目标，与其坐待因缘行事，倒不如自己创造机会。正如严长寿先生所说："从弯腰中创造机会。"一个有能力的人，不管环境是好还是坏，都可以打破困境，适时制造良机，不断学习，开拓出自己的一片天地。

事实上，每个人手中、眼前、脚下都有机遇，只要多观察，多发现，主动出击，还怕不会成功吗？

你从不会一无所有

　　头脑清晰、性情豁达的人，常常会把坎坷的经历当作一场必需的考试，尽心尽力去应对，到了实在没有办法扭转困局的时候，他们也会用退一步海阔天空来安慰自己，先给自己一段喘息休整的时间，然后等待机会再做奋斗。这样的处世态度是积极的。但是，有非常多的人连这一点都没有办法做到，他们在不被人肯定的时候往往也容易否定自我。只要遇到非常大的打击和失利，马上就会开始怀疑自己的能力，抱怨自己的处境，把自己的目标降低，感觉自己一点用处也没有。

　　其实，除非你放弃自己，要不然，能让你真正变得一无是处的人是没有的！

　　就算别人非常强势，剥夺的也只是你的某一个或者某一段时间的机会，那些压迫性的影响仅仅只是让你暂时没有什么收获。此刻的你，只要不是自己仰身倒下，肯定会有非常多的选择在等着你，就看你愿不愿意去尝试了。

　　在世人还没有认可贝多芬的时候，他曾在交响乐之父海顿的门下学习。与大部分学生不同的是，贝多芬并未被老师头顶的光环所影响，反而总想着进行一些突破性的尝试，去改变古老的、墨守成规的创作乐风，让音乐挣脱束缚。

　　因为双方都坚持自己的观点，所以贝多芬和海顿经常会争吵不休。而率真的贝多芬觉得根本没有感觉到在老师那里学到更有用的技巧和方法，于是在其独立创作的《第二交响乐》上只写了自己的名字。但是，因为贝多芬当时正师从海顿，按照常规，他创作的曲谱也要把海顿的名字给写上。贝多芬的举动让海顿十分恼火，于是海顿把这个胆大妄为的学生给开除了。

面对众人的批评，虽然充满了困惑和痛苦，但贝多芬还是坚定地选择了搏击与反抗，让自己的新音乐风格不断成长。

又一次出发之后，贝多芬不断进行音乐手法的革新，然而他招致的攻击也越来越多。但是，他没有花费时间去争辩和苦恼，而是无视这些苛刻的指责，充分挖掘自己的潜力，谱写出了更多、更优美的乐章，因而赢得了全世界的尊敬。

由此可见，当你想获取别人的肯定时，首先应当提升自己的价值，让自己从平凡中脱颖而出。要知道，即使轻渺如一阵细风，只要你一直不放弃，一路积累能量，最后就是高山大河也会被你的凶猛所折服。

在不被人承认的时候，虽然我们没有光环，但是我们有尊严、自信和乐观。

只有走过布满荆棘之路，曾经满是伤痕的躯体才可以变得更加强壮，你最终才能昂起头来，对那些永远都存在的大小伤害微笑以对！

IBM（美国国际商用机器公司）的创始人托马斯·沃森在创业之前，曾于现代商业先驱约翰·亨利·帕特森的公司工作。当他刚在公司取得良好业绩时，却没想到受人所陷，被帕特森不由分说地解雇了。在那样一个非常难熬的时段，沃森得到的帮助和安慰非常有限，他只有自己强打精神，用最好的状态和充分的准备应对未来的全新挑战。每到夜深的时候，他总是一遍遍地告诉自己："我可以重新再来！我要创造另外一个企业，一定要比帕特森的还要大！"后来，沃森果然让这个誓言成为现实。

假如一个人真的面临着挑战和烦恼，那么最好的应对不是絮叨和抱怨，那样会把不良后果无限夸大。而应当安静地停顿下来，想一想最坏的结果是什么，目前的状态到了哪个阶段，眼前的不利情况应该怎样去改变。只有不被这些琐碎的挫折所击败，才可以减轻压力，获得成功。

当解决了各种各样的困难，弥补了那些影响工作效益的缺陷，重新调整好情绪和生活状态后，托马斯·沃森终于让 IBM 成为一个家喻户晓的著名公司，成功地在世界企业之林中立足，也为自己开创出了辉煌的明天。

不管怎样，只要不因为别人对自己的不良评价而主动放弃，那么胜利者就是你。

英国首相温斯顿·丘吉尔说："一个人绝对不可在遇到危险的威胁时，背过身试图逃避。如果这样做的话，只会使危险加倍。但是如果立刻面对它毫不退缩，危险便会减半。"据说，人在登山的时候若是遇到风雨突起，迅速找个地方躲避或是向山下跑都不是最好的自救办法，而应该顶着风雨继续向山顶上走。登山家所持的理由是这样的：往山下走，虽然风雨看起来有点小，但可能会被暴发的山洪淹死；而往山顶走，虽然风雨大些，但因为回避了大危险的侵袭，生命反而多了一些保障。

人生就好像爬山一样，我们可能遇到的困难就是那些风风雨雨，如果一味地逃避躲闪，可能就会被卷入洪流；而如果我们能够勇敢地面对，迎着困难继续向前行，那么就有生存的可能，甚至还会有可能看到彩虹。

一个人，只要内心足够强大，不被别人的不理解和否定所打倒，不被别人的歧视和逼迫击败，认真而努力地工作，一定能从一个微不足道的小人物成长起来，慢慢地走向成功，变成一个让大家都非常羡慕的精英。

不管是什么时候，只要心还在坚持，就不会真的一无所有！

一步一步地走

做事情不能仰头向天，而应该一步一步脚踏实地地向前走。在人的一生中，诚实和勤奋应该成为自己永不背叛的益友。人们往往会把希望要做的事业看得非常高远，而其实最伟大的事业只要从最简单的工作入手，一步一个脚印地前进，就可以做得风生水起。

"一步一步地走"的意义在于：一点一滴不断地努力就可以得到进步。就如足球联赛最后的胜利是由一次一次的得分累积而成的，零售店的业绩也是靠着一个一个忠实的顾客逐渐形成的。所以说任何一个非常重大的成就都是由一系列的"小成就"累积而成的。

索拉诺非常著名，他找到了一颗名为"自由者"的全世界最大的钻石。但是，谁都不知道索拉诺在没有找到这颗钻石之前已经找过 100 万颗以上的小鹅卵石，这颗全世界最大的钻石是他在最后才找到的。

在荷兰，一个农民才初中毕业，他来到一个小镇，找到了一份看门的工作。他在这个"门卫"岗位上一直工作了 60 多年，一生都没有离开过这个小镇，也没有再换过工作。可能是工作非常清闲，他刚来时又太年轻，所以他想方设法打发时间，把又费时又费工的"打磨镜片"工作当成了自己的业余爱好。就这样，一磨就是 60 年。他是那样地专注、细致、锲而不舍，他的技术超过了专业技师，因为他磨出的复合镜片的放大倍数比专业技师们的都要高。借助于他研磨的镜片，他发现了连当时科学界专家都不知道的另外一个广阔的微生物世界。从那儿以后，他声名大振，只有初中文化的他被授予了在他看来是如此高深莫测的"巴黎科学院院士"的头衔，而到小镇拜会过他的还有英国的女王。

有时候，有的人看上去好像是一夜之间就成名了，但是如果你仔细看看他们过去的奋斗历史就会发现，他们的成功并不是偶然的，他们早就已经投入非常多的心血并打好了坚实的基础。而那些暴起暴落的人物，名声来得快，去得也快，他们的成功往往只是昙花一现，深厚的根基与雄厚的实力与他们无缘。

你希望一口吃成胖子，希望夺取成功就像迈一下脚步那样简单，你或许常常这样幻想：我多么希望自己是十全十美的人，天资出众，干什么事情都不会失手。

这是幼稚的懒汉成功逻辑。你以为成功者都有从遗传得来的天赋，有把事情做得尽善尽美的诀窍吗？假如按照这种逻辑，那么成功者每做一件事情都是轻松愉快、非常容易的。懒汉们认为，成功者都是无师自通的天才，只要把第一课学会了就会马上变成专家。这种"马上如愿"的思想是导致失败的大敌。

一点都不用怀疑，那种希望"马上如愿"的人还是存在的。而非常不幸的是，如果你一生当中总保持着这种"马上如愿"的想法，那么你要想成功是非常困难的。例如，你是一个抱着"马上如愿"思想做事的人，你决定当一个画家，希望自己一下就可以创作出像达·芬奇《蒙娜丽莎的微笑》那样的杰作，希望自己一夜之间就可以成为非常有名的人，但是，你不知道应该先画蒙娜丽莎的秀发还是先画蒙娜丽莎的额头，这样你就会认为绘画的实践非常艰难。而你一旦发现自己难以马上如愿，可能就会扔掉手中的画笔，那你也就永远难以取得成功了。因为你相信的是：如果一个人有出息、有才干，不管想干什么样的事情都能一下子如愿以偿，用不着像达·芬奇那样天天画鸡蛋并苦苦地做单调乏味的努力，也不用一点点地积累经验，用不着花费很多时间去锻炼基本功。这种想法，最后将使你掉入失败的谷底，跌得粉身碎骨。

上天就是这样捉弄人，你越是想尽快如愿以偿，就越难以即刻如愿。

成功，不是直线，而是曲线。成功，是一个缓慢的积累过程、缓慢的学习过程。攀登珠穆朗玛峰，要从脚下一步一步开始攀登，要想一下登上山顶获取成功是不可能的。富丽堂皇的宫殿都是由一块一块独立的石头堆砌而成的，但是，石块本身一点也不美观。成功的生活也是如此。

战胜自我

1933 年初，富兰克林·罗斯福首次就任总统，那时正好赶上美国经济非常萧条，到处是失业、破产、倒闭、暴跌，痛苦、恐惧和绝望的情绪充斥在美国人心头，而罗斯福却表现出了一种压倒一切的自信，他在宣誓就职的时候发表了一篇富有激情的演说，他告诉人们："我们所不得不恐惧的唯一东西，就是恐惧本身，这种难以名状、失去理智和毫无道理的恐惧容易麻痹人们，使人们不去进行必要的努力，它把人转退为进所需的种种努力化为泡影。"在 1933 年 3 月 4 日那个阴冷的下午，"点燃了举国同心同德的新精神之火"的，是新总统的决心和轻松愉快的乐观态度。

科学技术可以阻止疫病的蔓延，而恐惧的蔓延则往往令大家一点办法也没有。罗斯福明白，只有让民众认清恐惧背后的非理性才可以把恐惧本身彻底地革除掉，因为其实有的时候人们所恐惧的就是自己的恐惧心理。

杨秀才是个不得志的读书人，原指望科举得第一，可以谋得个高官，可二十多年过去了依然什么事都没有做成。

杨秀才心想："学文不成，可能习武也是一条出路！"于是，他决定习武了。

对杨秀才来说，习武是一件非常困难的事，因为他生性怯懦，习武要舞刀弄棒，没有胆量是学不好的。

于是，杨秀才决定先把胆量练大再去习武。

一天，几个秀才请他去喝酒，他想，这倒是一次练胆量的好机会，于是，他全副披挂，腰佩宝剑，抬头挺胸地来到了酒庄。

秀才们见他这身打扮，都非常惊讶，纷纷问：

"杨兄为何要这样打扮？"

"莫非杨兄要习武从戎了吗？"

"杨兄，这身衣服是从哪儿弄来的？"

秀才非常得意地说："我觉得做秀才身体瘦弱，一点力量也没有，什么大事都成不了。我想，习武才会有出息！"

"什么？你要习武？"秀才们哈哈大笑起来。

杨秀才并没有感到大家这是在讥笑他，反而感觉大家在为他高兴，所以也跟着大笑起来。

笑过之后，大家开始喝酒聊天，杨秀才非常兴奋，喝了非常多的酒，一会儿，已经有了几分醉意，话也多了起来："习武，最主要的是要有胆量。我杨秀才别的什么也没有，可要说胆量，浑身上下都是！"

一个秀才不服气地说："杨兄，你倒是说得非常轻松，可真要碰上什么事情，你敢去尝试吗？"

另一个秀才也附和着说："是啊！你真有胆量去试吗？"

杨秀才正想找个机会显示一下自己的胆量，于是便提高嗓门说："怎么没有胆量？你们说说，怎么个试法？"

"这个容易。"一个秀才说，"城外有一间鬼屋，没有人敢去。杨兄若敢独自在那里住上一个晚上，那么以后你的胆量谁也不会怀疑。"

"好！鬼屋有什么可怕的？我今天晚上就去那里住，我要看看有什么鬼怪！"杨秀才满不在乎地说。

大家一起走出酒庄，骑着驴，把杨秀才送到了鬼屋门口，转身回城去了。杨秀才壮壮胆子，牵着毛驴走进了院子。他把毛驴留在院子里，然后手握宝剑向鬼屋走去。

他把帽子摘下，长袍脱下，然后把它们挂在窗上便坐下了。

夜深了。屋里漆黑一片。这时杨秀才的酒也渐渐醒了，心里害怕起来。他东张张、西望望，什么也看不见。

"如果鬼怪从门口闯进来，岂不是连命都没有了？"他想着，摸到门口，把门关好栓紧，又把一张桌子推到门边，顶住门。

他提心吊胆地抱着剑坐在凳子上，双眼紧盯着窗外。过了没多长时间，月光投进屋中，屋子不再漆黑。

"啊！这是什么？"杨秀才差点叫出声来，只见窗上有一个长长的黑影，一动也不动，他的脸杨秀才都看不清，却感觉到那个黑影在看着他，他吓得缩到了墙角。

突然，吹过来一阵风，那个黑影晃了几下，感觉好像要扑过来一样，杨秀才顾不上多想，抽出宝剑便朝黑影砍去，无声无息地就把黑影砍倒了。

过了没多长时间，门外忽然传来"啊呜啊呜"声，紧接着门被推了几下。杨秀才吓得浑身发抖，心扑通扑通乱跳，那怪物推不开门，就往狗洞里钻，一个黑脑袋慢慢地从洞里伸出来。

杨秀才吓得冷汗直流，举起宝剑，朝怪物的脑袋扔去，谁知道偏巧刺中了怪物的头，那怪物发出一声惨叫后便退了出去，杨秀才经不住几次惊吓，瘫倒在了地上。

第二天一大早，秀才们来看他，发现他昏倒在地，赶忙把他唤醒。杨秀才醒来后，结结巴巴地讲述了昨晚的事情。

秀才们听过之后就去四处看了看，只见杨秀才的帽子和长袍都在地上掉着，在帽子上面还有一个洞。杨秀才的驴则躲在假山后面，嘴巴里淌着血，痛得直叫唤。原来昨夜那个黑影是杨秀才的长袍和帽子，那个想钻进狗洞的怪物是杨秀才的毛驴！

杨秀才练胆的事，一传十、十传百，全城的人都知道了，都把它当成了笑话。

杨秀才就是因为没有战胜自己心中的恐惧，最终成为人们的笑柄。

　　每个人来到这个世上，连做梦也想着成功，梦想着成为人上人，光宗耀祖，流传万代而不朽。这种理想很诱人，也很美丽。可是，要想实现这个梦想是非常困难的，是需要付出很大努力的。在所有影响成功的因素中，最基本也是最难做到的就是战胜自我。

　　其实，人最大的敌人就是自己，自己才是人生路上最大的障碍！有很多人没有战胜自己，他们彷徨迷失在人生的旅途中；有的人勇敢而智慧地战胜了自己，他们便从平庸走向成功，创造了人生的奇迹。

　　战胜自己，把生命的活力激发出来，无论是健全的身躯还是残缺的臂膀，无论是优越的条件还是困窘的环境，我们都要战胜自己。战胜自己，首先要把握好自己的方向，坚持自己心中的梦想，还要有克服困难的坚韧不拔的意志和奋发无畏的勇气和信心，同时还要不断总结，把通向成功的途径找出来。只有不断地战胜自己、超越自己，才可以到达理想的彼岸，才会赢得成功的事业、美好的人生。

　　世界上最伟大的胜利就是战胜自己。挑战自己，是每个人在人生之路上一定会遇到的难关，而且与自己斗争才是最困难的，一个不能或不敢战胜自己的人，永远都不会摘到胜利的果实。人生要想精彩，就应该战胜自己、超越自己。在战胜自己的过程中，就算失败了很多次，也要一次又一次爬起来。须知，每一次挫折都会丰富自己的人生阅历，生活的磨炼定能使自己愈加成熟。

　　人生就是一个不断战胜自己、超越自己，进而造成新目标的过程，"百分之九十的失败者不是被别人打败的，而是因为没有战胜自己，放弃了成功的希望。人生的失败最后败给的并不是别人，而是败给了自己。"成功者与失败者，就因为这一点而被划分的。真正的成功，就是勇敢地战胜自己，赢得世界上最伟大的胜利。

　　懂得战胜自己、超越自己，就不会感受到前面路途的艰辛。

　　人生最难的事就是战胜、超越自己。我们不要埋怨自己不受上苍的垂青，上苍已经把健康的身体和聪明的大脑赐给了我们，而我们还要奢求什么呢？既然我们心中有非常多的理想目标，就该努力地去实现、去追求、去走自己的人生路，战胜自己、超越自己，我们不能再脆弱下去，而要做生活的强者！

在世界上，比脚更长的路是没有的，比人更高的山也是没有的，只要你拥有勇气和智慧，能战胜自己，路总有尽头，山定在脚下。命运就好像掌纹一样，虽然弯弯曲曲，然而不管如何变化，永远都在我们自己手中掌握着。一切都只是一个过程，坚持挺过去了就好了。

就如罗斯福所说，我们恐惧的只是恐惧本身而已，努力战胜自我，前方的成功正在等着我们呢。

从小事做起

在世界上，有非常多的成功企业家都是从"不嫌弃小利"起步，然后聚沙成塔终于成就大业的。他们成功后又坚守着"富而不奢"的作风，从而让企业可以长期繁荣不衰。

马克斯出生于波兰的一个贫穷家庭，他 19 岁的时候自己一个人去英国闯荡。因为他不懂英语，所以没有办法讨价还价，于是便把所有货物清一色标价并打出招牌："不要问价钱，所有货物一律 1 便士！"这招果然把非常多的顾客吸引了过来。两年后，他打下了基础、站稳了脚跟，便同有生意头脑的斯宾塞合伙成立了马克斯—斯宾塞公司。他们秉持不嫌利薄、稳步积累的经营原则，慢慢变成了英国最大的零售公司。

加拿大人阿尔弗雷德·富勒从小便尝尽了贫穷的滋味，他 18 岁的时候只身去波士顿打工，过着饥寒交迫的日子。因为他既没有资金又没有资源，所以只好干起了别人瞧不起也不愿干的"刷子"经营行当。他走街串巷，把腿都跑断了，把嘴也磨破了，一分一角地积累，多年后，他开了一家制造刷子的工厂。第二次世界大战爆发后，他发现美国士兵仍然在用布条擦枪，便来了主意：何不生产一种擦枪的刷子呢？经过多次改进之后，他生产出了令军人满意的擦枪刷子，美国国防部一次性就订了 5000 万把。从此他一下迈入了富豪的行列，成了名副其实的"刷子大王"。

"以小博大"是成大事者常用的手段。世界上的许多富翁都是从"小商小贩"做起的。只有扎扎实实地从小事情做起，这样才会有坚实的基础，有朝一日才能干大事业。而如果凭着投机而暴富，那么失去得也非常容易。

从小事做起，也包括在开始时不要把目标定得太大，应从小处着眼。

有一位曾经从事过人寿保险同时又在其他事业上也非常成功的人就指出，假如要让别人对你增加好感，应该先把自己的外貌整理好。所以，他每天早晨会在镜子前仔细研究，想办法使别人对他产生好感。可以这样说，他之所以能成就大事，就是由平常累积小事而成的。

万丈高楼平地起，不要感觉因为一分钱与别人讨价还价是一件非常让人鄙视的事情，也不要认为小商小贩什么出息都没有，金钱需要一分一厘地积攒，而经验也需要一点一滴地积累。

估计现在的年轻人都不愿听"先做小事，先赚小钱"这句话，因为他们大多数都是雄心万丈，一心只想着踏进社会成就一番大事业、赚大钱。当然，"做大事、赚大钱"的志向一点错都没有，有了这个志向，你就可以不断向前奋进。但说老实话，社会上真正可以"做大事、赚大钱"的人是非常少的，更别说一踏入社会就想"做大事、赚大钱"了。假如真可以这样的话，那么得具备一些特殊条件。

要有过人的才智。换句话说就是，你是一块天生"做大事、赚大钱"的料。还要有非常好的机遇。有过人才智的人需要机遇，有优越家庭背景的人也需要机遇，才可以真正"做大事、赚大钱"！

所以，你应当问问自己：

你的家庭背景如何，有没有可助你一臂之力的人？

你的才智是怎样的，别人对你的评价又如何呢？

你对自己的"机遇"有信心吗？

事实上，有很多成大事、赚大钱者根本就不是一进入社会就非常成功的，有非常多的大企业家就是从"伙计"当起，有非常多的政治家就是从"小职员"当起，而很多将军则是从"士兵"当起。一进入社会就真正"做大事、赚大钱"的人几乎没有。所以，当你的条件很"普通"，也没有非常好的家庭背景时，那么"先做小事、先赚小钱"绝对没错！你千万不要拿"机遇"去赌，因为"机遇"是看不见、摸不着，并且也是比较难以预测的！

那么，"先做小事、先赚小钱"有什么好处呢？

"先做小事、先赚小钱"最大的好处是可以在低风险的情况下积累工作经验，同时也可以借此好好锻炼自己的能力。当你"做小事"得心应手时，就可以做再大一点的事；"赚小钱"既然没问题，那么赚大钱就会更容易。何况小钱赚久了，慢慢地就可以积累成"大钱"！

另外"先做小事、先赚小钱"还可以培养自己踏实的做事态度和金钱观念，这对以后"做大事、赚大钱"及一生都会有非常大的好处！千万别自大地认为你是个"做大事、赚大钱"的人，而不愿意去做小事、赚小钱，假如是连小事都没有做好、连小钱也不愿意赚或赚不来的人，没有人会相信你能做大事、赚大钱，如果你抱着这种只想"做大事、赚大钱"的心态去投资做生意，那么离失败也就不远了。

很多人的成功道路都是从"小事"干起、从"小买卖"做起、从"小钱"赚起，积"小"成"大"、积"少"成"多"的！

拥有成功的好习惯

每个人都是不一样的，所以，每个人都想走不同的路，走自己的路，走出更有特色的路。由于时间节点不同，空间方位不同，有着不同的主观认知，每个人就会更多地被贴上和别人不同的标签。但不论怎样，每个人匆匆来匆匆过的路径都大致相同。一方面，每个人都要尽力做到最好；另一方面，每个人都要学习最好的，这是为了可以非常好地成长起来。

那为什么有些人起步明明差不多，但到了后来差别却非常大呢？有人说，因为有人聪明，有人愚笨。但历史上为什么有很多聪明人在后来作为都不是很大呢？钱锺书说："自以为聪明的人做事情之所以很难成功有两个原因：一是不愿下笨功夫；二是他们没有找到价值体系中最重要的事情去做，却去做一些在他的价值观体系中不怎么重要的事情，所以，他们内心缺少全力以赴的动力。"王安石在《题张司业诗》中写道："苏州司业诗名老，乐府皆言妙入神。看似寻常最奇崛，成如容易却艰辛。"看来，人之所以有差异是因为"崎岖"程度不一样，是因为"艰辛"也不一样。

那么为什么有人愿意忍受"崎岖"，为什么有人愿意付出"艰辛"，为什么有人愿意"头悬梁，锥刺股"，为什么有人愿意闻鸡起舞、钝学累功呢？原因大概是每个人的成就动机不同吧。有的人想成就一番事业，就会定一个非常高的目标；有人想舒适和安逸，开开心心过日子，就会给自己定一个适中的目标；有人不相信自己的能力，自暴自弃，自怨自艾，破罐子破摔，就不会设定任何目标，所以也就只能随波逐流了。

那给自己设定较高目标的到底是什么样的人呢？应该是那些曾经实现了比较低的目标的人。如果一个人总是受挫，连成功是什么都不知道，那么很难想象他会期待越来越高的目标。假如一个人把一件事情做成功了，体悟了成功的喜悦，自然也会想去拥有更多的成功。当不断去追逐自己的更高目标时，就会养成良好的核心习惯。《习惯的力量》一书中写道：能成为核心习惯的核心原因就是所谓的"小成功"。"小成功其实是细微优势的稳定运用，只要完成了一个小的成功，就会推动下一个小成功的出现。小成功能够带来改造性的变化，因为它能够将细微的优势转变为一种模式，会让人们相信大的成功马上就会到来。""小成功并不会以整齐直接、连续的形式出现，不会每一步都让你确切地感到自己在靠近设定好的目标。比较常见的是，小成功的分布范围是比较零散的，就像那些微型实验一样，测试关于阻力和机会的深层理论，并发掘出情况有变之前未被察觉的资源和障碍。"

这样说是因为，小成功对于我们核心习惯的养成至关重要。我们可以试想一下，如果我们在某方面做得不错，得到了非常多的表扬，自己总是超级自信，肯定会在这方面取得非常多的小成功，并不断积累正向的外在激励和内在激励，后来也就能越做越好。所以，到后来我们会发现，人们的成功其实非常简单。人们如果在一个方面善于分析和运筹帷幄，在别的方面也就自然而然地能成功。

美国伯利恒钢铁公司的创始人查尔斯·施瓦布总是在思考如何提高公司效率。有一次在聚会上，艾维·李对他说："如果你允许我跟你的每个部门负责人谈话15分钟，我就可以把你们公司的效益大幅度提升。"3个月后，施瓦布寄了一张相当于今天70万美元的支票给艾维·李。我们可能没有想到的是，艾维·李只是向施瓦布公司的每个部门主管提了一个如此简单而相同的要求：在未来的90天中，每天离开办公室之前都列出第二天要做的最重要的6件事，并且要照着重要程度先后排列。谁知道才过去了 3 个月，就非常明显地提升了公司的业绩。

其实，这样的说法在有关时间管理的书中是非常多见的，但是我们做到了吗？真正做到的又有多少人呢？这样的核心习惯谁又会拥有呢？

哈佛大学终身教授尼古拉斯和同事做了一项有关肥胖症的研究，最后的结论非常"得罪"人，我们完全没有想到——如果我们的朋友发胖，那么我们在未来 2—4 年发胖的概率会上升 57%。如果这位朋友是我们最要好的朋友，那么风险将上升三倍——我们的发胖概率将达 171%。换句话说，肥胖症的传染性是非常强的，它通过社交网络在人与人之间传播。人发胖其实是一种习惯。你吃饭时总是吃得非常饱，你喜欢吃大鱼大肉，喜欢喝含糖量高的饮料，吃的蔬菜非常少，你喜欢蜷卧在沙发上看电视，运动锻炼的机会几乎没有，很短的距离你也喜欢开车去而不是步行去……这些行为一旦日积月累形成核心习惯，那么你便一定会发胖的。哈佛教授的研究说肥胖症通过社交网络传播，其实真正传播的是这些导致发胖的行为习惯。你和肥胖的朋友在一起的时间越多，你就会越受其行为的影响。时间长了，你拥有了那些导致长胖的行为习惯，于是你也就真的长胖了。古人说"近朱者赤，近墨者黑"，正好说明了人的行为习惯是会互相影响的。

"少了一个小数点，卫星就上不了天。"这句话说的不仅仅是粗心的害处，更为强调的是认真的重要性，因为习惯的养成是很重要的。"失之毫厘，谬以千里。"一个人的起点出错，就有可能在未来错得非常离谱。古罗马恺撒大帝有句名言："在战争中，重大事件常常就是小事所造成的后果。"在这里可以说，重大的成功往往是因为一个个小成功，而一个个小成功常常是因为有一个非常好的习惯。

假如我们每天都可以坚守自己的核心习惯，每天都有小成功，每天都有小进步，那么日积月累，就会达到我们期盼的人生高度。如果我们每天都往下堕落那么一点点，每天都有小小的失败和抱怨，那么时间长了就会坠入我们恐惧的地狱。

从今天开始，让我们懂得习惯的力量、敬畏习惯的力量吧。要想拥有习惯的力量、驾驭习惯的力量、享受习惯的力量，就要从好习惯的养成和坚守开始。

第四章

扼住命运的咽喉

生活就好似一杯白开水，平平淡淡才是真。假如你放一点糖，它就是甜的；假如你放一点盐，它就是咸的；假如你放一点醋，那么它就是酸的……你想调制成什么味道，是酸是甜是苦还是辣，主要还是看你的心境是怎样的。学会用心感受生活，你就会发现平淡无奇的生活背后，其实无比精彩。

把压力变成动力

有非常多的成年人都喜欢说，要是我们永远不长大，做一个单纯懵懂的孩子，根本不用去承担来自事业、情感、家庭、社会的压力，生活一定会很甜蜜和轻松，世界也会非常美好！

其实，这样的说法是有很多漏洞的！

因为压力本身就是随处都在的，从一个人出生开始压力就如影随形。就算是一个小孩子，虽然没有生计的烦恼，却也要熟悉这个世界的各种规则，也会因为各种各样莫名其妙的需求没有办法得到满足而感到失落。等到稍微大一点的时候，孩子又会由于复杂的社会因素与他人进行比较、竞争，于是就形成了各种压力。等到再大一点，只要孩子对生活有了较为明确的目标和要求，那些来自环境、体系的压力就该要他们去承受了。但是，因为孩子天性中具备接受新鲜事物的特质，所以他们可以消除压力带来的不适，进而稳重、沉着地应对挑战。

压力有大有小，你把它看得重，它就会非常重；你把它看得轻，它就会非常轻。与孩子的善于遗忘和善于学习相比，因为成年人太依赖于习惯和常规，所以对压力也就显得非常抵触。

然而，对人来说适当的压力绝对是不可缺少的清醒剂。它可让你不畏惧困难，懂得思考如何进入新的局面，如何打破旧的格局，甚至让你萌发自信和勇气。

所有人都要接受压力的挑战！著名的恺撒大帝从一个没落贵族荣升为罗马的最高统帅，建立起庞大的帝国，每个时期他都得承受沉重的压力，才能跨越重重险阻，直到最后成功。

在恺撒 19 岁的时候，家族权威人士从集团利益出发，要求他取消原来的婚约，改与当权派人家的女儿攀亲，甚至不惜使出各种手段进行胁迫。然而，面对压顶的阻力，恺撒一点儿也没有退缩，仍坚持自己的主张，不但个人财产和妻子的嫁妆被没收，并且还上演了一场逃婚的剧目，为自己赢得了信守诺言的美誉，这也成为后来将士们愿意追随他的重要原因。当恺撒解决了第一个巨大的压力后，又用了足足 38 年的时间，才一步步从军营、战场而走向政坛。

在这样的过程中，他时刻都要应对难以估量的压力。而在与压力抗衡的过程中，恺撒没有浪费时间去烦恼，而是把越来越沉重的压力变成动力，他不断挖掘自己的各种优势，包括发挥他的军事才能，并用他英俊的容貌、机智的谈吐以及坚毅镇定的心志博得大家的尊重，扫除了拦在成功面前的各种障碍。

美国总统华盛顿说："一切和谐与平衡、健康与健美、成功与幸福，都是由乐观与希望的向上心理产生的。"没有因为压力放弃原来已经定好的目标，这是恺撒取得辉煌成功的原因之一。

明明知道让压力消失是不可能的，却整天妄想着没有压力的生活，这无疑是给自己心里添愁。其实，遭遇压力时最聪明的做法就是赶紧跳出来，把自己的压力来源分析一下，想一想应当怎么样才能将它转变成有效的动力。

如果压力过大，很容易让人一蹶不振；如果压力太小，则会让人非常容易滋生惰性。适度的压力不仅能让人保持清醒和活力，还可以让人产生自我认同的心理。

就像拳击比赛，有经验的教练都会帮选手挑选实力差不多、刚好可以刺激选手斗志的陪练进行训练，让选手在每一次比试中慢慢地进步。由于在外力的刺激下，选手们不会有停滞不前的困惑，也不会盲目自信，这样一来，他们才能通过不断克服压力而慢慢提升自己的实力。既然压力人人都有，没有办法完全消除掉，那么我们不妨利用压力来改变自己的生活，达成自己想要的结果。

诗人歌德说："大自然把人们困在黑暗之中，迫使人们永远向往光明。"

20世纪最伟大的喜剧演员卓别林出生于演员世家，父母因为感情不和很早便离异。卓别林身体虚弱的母亲在一次演唱的时候遭到观众喝倒彩，就在她将要失去自己唯一的经济来源时，小卓别林却意外地被带到台上代替母亲继续演出。出乎意料的是，卓别林虽然是第一次表演，却十分冷静，他故意装出和母亲一样的沙哑歌喉来演唱，最后竟意外得到了观众的认可，赢得了热烈的掌声。尽管这个压力来得非常突然，但是卓别林却成功化解了它，这次表演肯定是他成功的第一个信号。拿破仑曾说："最困难之时，就是离成功不远之日。"自从那次之后，尽管卓别林的生活还是非常艰难，但他却体会到了自己在舞台上的魅力。他忘记了贫穷、抱怨，认真学习表演的技巧。1925年，卓别林完成了描写19世纪末美国发生的淘金狂潮的默片《淘金记》，奠定了其在艺术界的地位。

但是压力并没有因为成功的到来而停止，因为慢慢兴起了有声电影，传统的默片逐渐被取代，卓别林的日子又慢慢变得很难熬。不仅要面对事业的没落，还要承受母亲去世的悲伤，加上和妻子沸沸扬扬的离婚案，以及电影《城市之光》的停停拍拍与放映权的谈判……重重压力，让一贯以喜剧角色出现在世人面前的卓别林一下子仿佛苍老了20岁，悄悄渗出一缕缕白发。

当卓别林有一天突然意识到自己的颓丧一点用都没有的时候，他决定把压力放下来，横渡大西洋展开一次欧亚之旅，既是散心，也是趁机为新片做宣传并学习新的知识。卓别林用了很长一段时间才恢复工作激情，最终重拾了往日的风采，获得了非常大的成功。

每个人都会碰到压力。当压力来临的时候，我们千万不要退缩、回避，而是应该认真地接受它，找到解决的方法。只有这样，才能把因为情绪所产生的不必要的压力全部释放出来。

用勇气和智慧去正视压力，就会把压力变小，甚至变成动力，让事态渐渐朝着好的方向发展。

不要对自己说"不可能"

世界上没有那么多不可能的事。假如你一直抱怨，那么请你安静下来，想一想"不可能"三个字怎么会那么容易地就从嘴里面说了出来，连试都没试过的东西，难道就可以非常轻易地下结论吗？

罗伯特·巴拉尼是奥地利著名的耳科医生。他在年幼的时候得了非常可怕的结核病，不仅非常疼痛，还导致他的膝关节变得永久性僵硬。家里人都很心疼他，并祈祷其后半生不要再被病魔折磨了，也就不要求他在读书方面多费心神。

但巴拉尼的个性非常倔强，他不相信一种疾病可以让自己成为废物，也不相信自己的未来仅仅被局限在父亲的农场里。他暗下决心，一定要掌握一技之长，一定要和正常孩子一样上学读书深造，然后在世人面前堂堂正正地站起来。

整整 10 年，巴拉尼风雨无阻地穿行在学校和家庭之间。不管有多么艰难，他都咬着牙向人表示"我可以"。后来，这个失去自由行动能力、被人们怜悯的孩子长大了，非常成功地进入了医学界，发表了著名的论文《热眼球震颤的观察》，奠定了耳科生理学的基础。为了表彰他的杰出贡献，当今医学探测前庭疾患的试验和检查小脑活动以及与平衡障碍有关的试验，都以罗伯特·巴拉尼的姓氏命名。

巴拉尼用自己的努力，把不可能变为了现实，把自己的名字深深烙印在人们的脑海中。

事实上，令人沮丧的意外在世界上每天都在发生，但也同时在创造各种感人的奇迹。如果你的心中存着"我可以"的想法，那么那些代表新思路的想法就会在你的脑中快速生根发芽、长出嫩枝，就会帮你攀越新的天地。

或许有的人会非常怀疑地问：难道下定决心就做得到吗？要是下了决心最后却没有成功，又该怎么办呢？有这样的迷惑是正常的。但是，试想一下，假如在刚开始的时候你就放弃了，那么就算真的来了机会，你也是没有办法立即采取行动的，这样一来，还何谈什么成功、收获呢？

曾有一穷一富两个僧人，都希望可以去非常遥远的地方求佛。10年后，他们再次相聚。这个时候，穷僧人早已完成远游，手托玉佛实现了目标。而富僧人则说自己之所以没有远行，是因为每次出门前都会发现准备得不是很充分，于是就这样一次次地耽搁了下来。

穷僧人微笑着说："如果你的心里有意愿，那些困难就好像是天上的云一样，会来也会去。但是，假如你的心里被畏惧装满了，那困难就是移不动的山、填不尽的海，会一直阻隔你！"

有很多的情况，你所得到的结果和你所选择的态度是一致的。要么能，要么不能。世界上有很多状态是可以由人控制的，虽然一个人的力量非常微小，但是当你竭尽全力去实现自己的目标时，就肯定会爆发出非常惊人的能量。

著名的护理学和护士教育创始人之一佛罗伦萨·南丁格尔，出生于一个非常富有的家庭，她本人也是受过高等教育的贵族小姐。南丁格尔从小就对护理工作非常着迷，并且长期担当庄园周围生病农户的看护者。

当她希望成为一名护士，从事当时只有社会底层妇女和教会修女才会从事的护理工作，并把这件事情当作终身事业时，遭到了父母的强烈反对和世俗偏见的中伤。但即使面临一些闲言碎语和误会，南丁格尔仍一直觉得自己可以胜任这个工作。

南丁格尔总是出现在病患最需要她的地方，特别是在克里米亚战争爆发之后，1854年她率领38名护士奔赴枪林弹雨的前线，担任病患的护理工作。此时的南丁格尔完全脱离了贵族小姐的娇弱，不仅表现出了卓越的组织才能，而且还给予病患无微不至的关怀，帮助医生进行手术，减轻病人的痛苦。每一天，她都要工作二十多个小时。她总是提着一盏小小的油灯，到每个床位细心地查看患者的情况，所以，她也被士兵们称为"提灯女神""克里米亚的天使"。

让人最为惊奇的就是，为了取得必要的医药物资，当所有人都不敢打破陈规陋习采取行动时，南丁格尔却带领几个胆子比较大的人把英国女王仓库门上的锁给敲开，并向吓得目瞪口呆的守卫说："我终于有了我需要的一切。现在请你们把你们所看到的去告诉女王吧，全部责任由我来负！"

美国诗人丁尼生说："梦想只要能持久，就能成为现实。我们不就是生活在梦想中的吗？"

那些感觉自己能行的人，有的是为了获得更好的生活、更高的地位、更大的成就，有的则是因为他们的梦想和目标，他们相信自己的能力，也相信自己能够改变非常多的东西！

由于极为相信自己，南丁格尔不仅改变了命运的轨迹，而且也让整个世界为之震动。在她的努力推动下，世界上第一所护士学校成立了，整个西欧以及世界各地的护理工作和护士教育也因此迅速发展起来。

时常自省

一位制镜的工匠在店铺里摆了十面铜镜出售，其中只有一面磨制得清晰光亮，其余的九面看起来则非常昏暗模糊，而买镜子的人十有八九喜欢昏镜不喜欢明镜，因为清晰光亮的镜子可以把不管多小的瑕疵都照出来，让非常多的人都感觉到不自在。批评也是如此，有时候指责他人是非常容易的，而把自己的缺点剖析出来却非常困难。只有善于自省的人才能找准自己的人生坐标，明明白白地存活于天地之间。所以，我们常常需要自省。

人生是一个不断成长的过程，更是一个修炼的历程。生命的每一个阶段，都需要我们适时地反省自己的言行，参悟为人处世的法则和功成名就的真谛，一路探索、一路感悟、一路前行。那些扪心自问的思考给予我们的收获和力量，源源不断、生生不息。

要勤于学习。知识的积累与阅历的丰富只会使你在工作与生活中更加游刃有余。要严于律己。要求别人做到的，不仅自己要做到还要做得更好。要接纳忠言。忠言虽然逆耳，但假如对你有帮助的话，那就是你要修正的。要凝聚人心。适当的鼓励与善意的提醒，能为你赢得由衷的感激。要平等待人。与下属交谈不离谦恭之色，与上司同行不露谄媚之颜。要多动脑筋、多思考。深思一定会让你制订出最佳的方案，而熟虑则可以避免许多麻烦和遗憾。要淡泊名利。争名使你变得短视，夺利使你远离豁达和快乐。要谨言慎行。不要对人多加评论，静则常思己过，动则敬人为先。要掌握尺度。正面沟通的应该是什么事情，私下里交流的应该是什么事情，与人和谐相处的智慧都蕴含在这些小的细节里面。

懂得自省是大智，敢于自省则是大勇。假如一个人连自省都不懂的话，也就不会看到自身的问题，也不会有自我提升的行动。人生在世，与其低着头埋怨错误，不如昂起头来纠正错误。一些与生俱来的品性肯定是不容易改变的，但是它们的存在如果不利于自身的健康成长，那么就应当毫不犹豫地改掉。就算是只改一点点，日积月累也会使你的人生日臻完美。

东汉末期，曹操亲率大军征战，下令军队沿途不得践踏老百姓的庄稼，违者格杀勿论。可曹操自己的坐骑在受惊后进了老百姓的庄稼地，他虽经众将苦劝没有把自己的脑袋取下来，但也把自己的头发割了下来作为惩罚。曹操割发代首以正军纪，诚为可贵。

常常进行自我检讨，发现自己的过错，以身作则，才可以为他人树立榜样。

一次，唐太宗李世民命令太常少卿祖孝孙教宫女音乐，因为没有教好，大骂祖孝孙。大臣温彦博和王珪大胆进言，指出了太宗的不妥言行，太宗听后更加生气了。王珪接着说："陛下平时让我们忠诚正直，难道我们有偏私的行为吗？"太宗什么话也说不出来了，第二天，他当着大臣的面说自己错了，后悔昨天错误地责备了温彦博和王珪，并且还让大臣们以后仍然要直言劝谏。

唐太宗身为帝王也能做到常常自省，正确地认识自己，对自己的不当之处加以改正，何况是普通人呢？人非圣贤，孰能无过？"吾日三省吾身"，只有这样才可以让自己不断地进步。

成功的人生离不开自省，成熟的心态得益于感悟。自省是一种能力，更是一种境界；它可以改变一个人的命运和机缘，使人生走得一步比一步坚实。

人生贵自省。让我们在自省中及时认清自己的思想和态度，将心灵深处的浅薄、浮躁、狭隘、消沉、自满、狂傲等污垢涤荡干净，以积极的心态发扬自己的长处，激发成长的正能量，努力追求尽善尽美的人生。

一个年轻人去看医生，抱怨生活无趣和工作压力永无休止，心灵好像已经麻木了。经诊断后，医生说他身体一点问题都没有，却觉察到他内心深处有问题。医生问年轻人："你最喜欢哪个地方？""不知道"。"小时候你最喜欢做什么事？"医生接着问。"我最喜欢海边。"年轻人回答。医生于是说："拿上这三个处方，到海边去，你必须在早上9点、中午12点和下午3点分别打开这三个处方。你必须遵照处方行事，时间未到，不可以打开。"

这个年轻人身心俱疲地拿着处方来到海边。

当他到达的时候正好是9点左右，独自一人，没有收音机、电话。他马上把处方打开，上面写道："专心倾听"。他开始用耳朵去倾听，没过多长时间就听到了以往从未听过的声音。他听到了波浪声，听到了不同的海鸟叫声，听到了沙蟹的爬动，甚至听到了海风的低诉。一个崭新、令人迷恋的世界向他展开双手，让他整个人都安静了下来，他开始沉思、放松。中午时分他已陶醉其中，他非常不情愿地把第二个处方打开，上面写道："回想"。于是，他回想起儿时在海滨嬉戏，与家人一起拾贝壳的情景……怀旧之情汩汩而来。到了快3点的时候，他正沉醉在尘封的往事中，温暖与喜悦的感受使他不愿去打开最后一张处方。但是，他最后还是拆开了。

"回顾你的动机"。这是最困难的部分，亦是整个"治疗"的重心。他开始反省，浏览生活、工作中的每件事，每个状况，每个人。他非常痛苦地发现自己很自私，他一直都没有超越过自己，从未认同更高尚的目标、更纯正的动机。他终于发现了造成疲倦、无聊、空虚、压力的原因。

海涅曾说："反省是一面镜子，它能将我们的错误清清楚楚地照出来，使我们有机会改正。"一面检验自己的明镜就是自省，它能使我们充分认识到自己的不足，它是一次次灵魂的净化、精神的洗礼、人格的飞升。所以，我们应当时常自省。

一切都会过去

跨不过的山、蹚不过的河是没有的，再重大的事情都如过眼云烟。

一条无限延伸的线就是时间，在这样一条线上所有人都在奔跑，并且只可以回头看却不能往后走，谁也顾不了那么多。

事实上，没有人可以顾得很多，也没必要顾得很多。人人都向往着快乐，但却不知道，简单就是快乐，快乐就是跟着时间向前冲。所以说，与其追求快乐，还不如把简单追到手。

所有人都要相信：一切都会过去。把这一点弄明白了，就会识大体、随大流，而不是钻牛角尖。

明白并接受一切都会过去的事实是一种积极的态度。人生的面目总是多种多样的，有的人平淡无比，有的人荣耀非常，甚至还有的人挫折不断。个人的遭遇，归根结底还是自己的造化。大家都想有一个美好的人生，可偏偏越是不可能的事人们偏偏越渴望得到。命运不能用来比较，只能自己去改造。攀比的结果是越来越气恼，改造的结果也许越来越好。

佛教讲"三世"，即过去、现在、未来。

会过去的不仅仅是时间，世间的任何东西都会"过去"，"现在"不过是暂时的停留，而"未来"还是未知数。

长江后浪推前浪，世上新人赶旧人，人生就这样一代一代地过去了。多少高楼大厦会成为过去，动人的美景也会变成过眼烟云，追忆过去无补于现实，人生还是把握现在比较实际，因为所有的一切都会变成过去。

青春美貌都会过去。

　　人生来都是平等的，每个人都有青春的时代，都有美貌健壮的岁月。但是在时间的巨轮里，所有的一切从来都没有停止过，凡事都会过去。正值青春时期，无烦无恼，身体健壮，只要家庭条件允许，要旅行，要出国，要社交，所有的事情都可以让你称心。但是岁月不待人，当青春美貌不再，所有的一切都变得和以前不一样。

　　荣华富贵都会过去。

　　"人穷志短"固然会过去，"叱咤风云"一样也会过去。

　　看世间芸芸众生，白手起家的人不少，也有人到达了荣华富贵的顶峰，又从荣华富贵落得一文不名，世事无常，不管什么都是会过去的。

　　幸福快乐都会过去。

　　有的人生长在豪门，一出生就享受着幸福安乐的生活，贫穷苦难的滋味到底是什么都不知道。但是幸福快乐的人生，在时间之流里也会非常快地过去。所以，当幸福快乐的时候，要好好珍惜人生，千万不要等到一切都化为乌有的时候再来追忆，那时一切都已事过境迁，自己会感到后悔遗憾。

　　上述三种美好人生都会过去，以下三种，虽然比较坎坷，但是也会过去。

　　烦恼痛苦都会过去。

　　烦恼痛苦不是定型的人生，如果烦恼缠着你的话，把原因找出来，它们大部分都是由"我"而来、由"内心"生起。假如你找出烦恼的原因，找出痛苦的理由，能把原因消除，那么烦恼痛苦理所当然地就能烟消云散了。

　　困境艰苦都会过去。

　　有人的生活非常艰难，环境困苦；勤找工作，到处碰壁；自己创业，从来没有成功过；亲戚远离，朋友也不愿意帮助。在困境中过着艰苦的生活，着实恼人，也让人心有不甘。其实，困境艰苦，都有起因，慢慢都会过去的；贫苦穷困的人，也会荣华富贵。对前途不要失望，要充满信心，只要立志、只要用心，不管多么差的生活境遇都是会过去的。

在困难面前没必要害怕，所有的困难都只是暂时的，无论多么大的困难都会成为过去。没有克服不了的困难，只有不愿意去克服困难的人。既然一切都会成为过去，那么千万不要让困难停留的时间太长。人不是被困才难，难的是甘心被困。困难这件事，"度一度"就过了，不要把它看得太可怕。

在灾难面前，不要害怕。灾难是不长眼睛的，它想来的时候就来了，万一这个不速之客降临了，该怎么办呢？非常重要的是信念，只要你觉得它并不可怕那么它就是不可怕的，而你觉得可怕，它便会变本加厉起来。一切都会过去，灾难也是。留得青山在，不怕没柴烧，用你的信念把灾难燃成一把灰烬吧！

克服困难，粉碎了灾难，又如何去面对苦难呢？其实，苦难所馈赠给人的是一笔无形的巨额财富。

人我是非都会过去。

是非朝朝有，不听自然无。再多的闲话，再多的伤害，只要你不理会它，它自然会过去。所谓"处变不惊""以不变应万变"，人我是非也是非常短暂的，只要我们行得正，世间的一切没有什么是过不去的。

日子可能会相似，但是绝不会相同，一切都会过去的。过去的就过去了，有些事情确实没有必要太过认真。人不但要与他人达成和解，更要与自己达成和解。人们常常会说，饶人是福。得饶人处且饶人，越是饶人福报也就越多。过去的就让它过去吧！就算不让它过去，它自己也是会过去的，如果事情都已过去了，自己的心还不让其过去的话，那样负担就太重了。

人生的意义其实就是宽容待人、善待自己，转眼间，什么都会过去，千万不要把没有必要的悔恨留给自己。

永远保持激情

美国剧作家尼尔·西蒙曾在威廉学院毕业典礼上发表演说，他当时是这样说的："如果要用一个词最确切地表达出一生的主题，那我可以说的就只有激情。"

尼尔·西蒙说："激情是主宰和激励我一切才能的力量，假如连激情都没有，生命便会显得苍白和凄凉。"

只要你充满激情地做着自己比较适合的工作，你就会感到心灵与周围的世界紧密联系了起来。只要你能常常保持激情，那么就算是遭遇到失落和痛苦，也可以一次次找到力量和自信，让生活得到改善，从坎坷艰难的阴影中走出来。

美国著名动画主角米老鼠的创造人华特·迪士尼曾经是一个不名一文的堪萨斯州小伙子。他非常喜欢动画设计，曾经把自己的作品投给报社主编，却得到了"你根本不具备绘画才能"的答复。但是他没有因为这样的否定而放弃，而是坚持去找了一份与绘画相关的工作——替教堂作一些装饰图案。

这样一点创意都没有的工作因为非常简单，所以收入也非常微薄。可是华特·迪士尼并不在意，依然情绪高昂，保持对动画设计的热爱，最后他将父亲的车库改装成了一间正式画室。这让他可以拥有一个独立的空间。

因为内心充满了激情和热情，华特·迪士尼每天都感到非常幸福，甚至没过多长时间就得到了一个老鼠雏形的灵感。在让这只虚拟的老鼠诞生的过程中，华特·迪士尼除了细心观察那些奔跑的、狡猾的四脚小动物外，还故意把食物扔到它们跟前吸引它们的目光。经过不懈的努力，他终于创造出米老鼠的形象，并因此得到了人们的赞誉和认同。华特·迪士尼成名后，依然保持原有的工作激情，他总是兴致勃勃地奔走于大自然和动物园间，而且还创造了许多动人的动画形象。华特·迪士尼曾说："你一定要做自己喜欢的事，这样才会有非常大的成就。"

幸福总容易让人留恋于尘世的繁华，忘记内心的力量，并遗忘掉当初的激情。但任何一个人，如果希望活得有成就并非常充实，就必须保持一定的激情，也就是对事业、家庭、朋友的激情。假如丧失了激情，就会自然而然地丧失幸福和快乐。

美国近代著名的作家杰克·伦敦就因激情而成功，也因激情消逝而消亡。

杰克·伦敦出生于一个非常贫寒的家庭，他从11岁开始就外出打零工谋生。14岁的时候，他用积攒的钱购买了一条小船，加入偷袭私人牡蛎场的队伍，企图非法获利，他这种非法行为很快受到惩处。没过多长时间他就被捕了，并被罚做苦工。等到释放后，他成了一名水手，开始了远航的生涯。在这期间，除了开阔眼界、增长见识外，对生活他同样感到非常茫然，一点明确的打算都没有。

后来，杰克·伦敦接触到的一本书彻底改变了他，让他狂热地喜欢上了阅读和创作！尽管生活还是那么残酷，他依然是那么贫穷，但是在他看来，只要可以看到书，那就是世界上最美妙的事了。

有了激情的杰克·伦敦专注地沉浸在文学的海洋中，尽自己最大的可能去自学，甚至还考进了加州大学。可是贫穷和灾难依然对他苦苦相逼，让他的学业无法继续，就连他的写作激情也在现实的饥寒交迫中开始萎缩。为了生计，杰克·伦敦放下自己的梦想，加入席卷全美洲的"淘金热"队伍，和家人一起去了阿拉斯加。

没过多长时间，身染重病的他回到了家里。这时，他对文学那一点点幸存的激情又一次被点燃起来，凭借着丰富的人生体验和犀利泼辣的笔锋，他不断地读书和写作，在每天工作 19 个小时的情况下，他的第一篇小说《给猎人》终于成功发表了。第一部短篇小说集《狼之子》的问世，让他得到了社会大众广泛的好评和丰厚的收入。然而，杰克·伦敦却被扑面而来的财富蒙蔽了心灵。品味到了金钱的魔力之后，他公开声明自己写作的目的就是钱。为了得到非常多的钱，他甚至写出了一些非常荒唐的低劣之作。没过多长时间，他热爱生活与事业的激情就被贪婪和奢侈的不良习性给彻底浇灭了。曾经伟大的作家杰克·伦敦，在迷惘中用自杀结束了自己的一生。

这是一部因激情荡漾而走向巅峰，又因激情沦丧而沉入地狱的实录！杰克·伦敦早期的挫折确实非常令人同情，但他在后期所爆发出来的一种报复性的享受和颓废更是让人觉得非常悲哀。生活不是一场永不停歇的舞会，不可能总是有美妙的音乐、鲜花。生活的终极目的并不是要获利，它只是一段过程，未来充满了可能和机遇，人们要把这些可能和机遇充分利用起来，并鼓舞自己的激情与行动力，才可以实现自己的心愿。

没有家传祖业，没有飞来好运，没有天降神迹……认真依靠实力去改变逆境的人，懂得生活的艰辛，懂得人心的珍贵。就像适度的疾病可以让我们增强免疫力一样，在某些时候，生活中有一些打击会比一直保持平顺来得要好！当我们遇到艰难困苦时，可以将其想象成一味清醒剂，提醒自己不要忘记充满激情地继续生活下去。就算非常悲惨，就算连希望都没有，我们也要把自己的一点点激情保存好！

真正的激情，不是放纵自己不管什么样的事情都去做，也不是气焰冲天、旁若无人，更不是怨天尤人地咒骂，而是一种不卑不亢的态度，一种不轻易放弃和服输的智慧。

就像迪士尼乐园永远没有完工的一天一样，世上只要还有想象力的存在，它就会继续建造、成长。人类的生活有着各种各样的变化，只要你还有一点点激情，再出发、再开始、完成一个冒险、实现一个心愿的时机就是现在！

做内心强大的人

只有内心强大的人，才可以真正地拥有思想。内心强大，表明他对世界、对社会、对人生已经有了一整套比较完整的看法。内心强大的人，没必要色厉内荏、外强中干。内心强大的人，肯定有自己的坚定信念，这种信念不是口头说说，而是发自内心深处的。

这种内心的强大常常意味着他非常自信，而这种自信常常就来自他深刻地意识到自己的浅薄，以及对自然、对人的生命的深深敬畏。所以，他有一种特别的开放意识与开放心态，对于任何不同的声音，他都可以非常认真地听进去，可以用头脑仔细地思考。因为他的内心非常强大，他不会一听到不同的声音就焦虑不安并马上改变自己的想法，而会在不同的声音面前，学会用逻辑、常识、常理、直觉、经验及科学的方法将其检验一下。而事实上，这样的检验不会只有一次，而是反复多次，而且已成为一种常态。反复多次，成为常态，仍然坚守，这样的东西才会非常稳固。在内心里，真正稳固的东西多了，他也就强大了。所以，内心强大的人根本不是从此以后再也不改变了，而是不再需要把自己内核中的东西改变掉而已。

一个人信念中内核的东西假如常常被改变，那么他的精神世界还是一片迷茫与混沌。这样的人，即使著书立说，也是今天这样说，明天那样说，没有坚定的立场，逻辑不一贯，对自己究竟想要什么样的生活一点主见都没有。

究竟什么是信念内核？就是你的世界观、人生观与价值观。你如何看待这个世界、你怎样认识人生、你如何看待幸福与意义，这些东西在一个内心强大的人那里是完全圆通自洽的。这里没有什么正确与错误，但肯定是自洽的。在这里，你的思想信念与你的生命感受、生活经验以及知识结构、理性认识，以及你在社会中所担当的角色，不会在逻辑上、在生活经验与理性认识中产生很大的冲突与分裂，不会言不由衷，不会所做的事与所说的话互相矛盾。假如一个人到了这种地步，也就可称得上是人格完善、内心比较强大了。

内心强大的人，也就是真正有思想的人。这样的人，就算在世界上最艰苦的环境中生活，他也有着平和的内心，是自信的，且是充满快乐的。因为他的世界并不仅仅是世俗世界，他还有自己独特而完美的内心世界。在这个世界里，他拥有自己的幸福标准与快乐标准。在这个王国里，他享受着别人没有办法理解、享受的幸福与快乐。

近200年前的丹麦思想家索伦·克尔凯郭尔的一生一贫如洗，生命也非常短暂，但是他内心强大，一生充满快乐。这样的人的幸福，平常人是没有办法理解的。

内心强大的人，其实是精神贵族。他意识到人肉体生命的有限性，同时也意识到思想生命的无限性。他知道应当如何摆正自己的肉体生命与自己的思想世界之间的关系，也能够认识到世俗世界的物质标准与自己精神世界的另类坐标。所以，内心强大的人不会失眠、焦虑、急躁，他会时刻做好人生中最坏的打算，但往最好的方向追求。一切灾难与痛苦，于他而言都不算什么。他向死而生，所以，一切的变故都不再让他感觉世界突然被颠倒，一种坚定的信念可以使他坦然面对。

他的行动标准是内在的，根本不是外在的。他相信人生中的任何经验，包括那些不幸与痛苦所带来的感受都将化成他人生中独特的体验。而这些经验都将化成他的思想智慧，变成他内心非常强大的材料。他相信，这个宇宙中最为脆弱的东西之一就是人的肉体，但是他的精神世界却可以非常坚强。

生命的觉醒使他爱人如己，先认真爱护好自己，然后用自己光辉灿烂的生命去感召这个社会。他懂得珍惜自己生命中的每寸光阴。也因此，如果一个人的内心非常强大，他便会拥有自己的生活主题与生命的意义。在生命的意义上，他坚信天上地下，只有自己是最了不起的。他自尊，并且更加懂得去尊重其他人。他追求幸福，更懂得尊重他人的幸福。他做出选择，会更加懂得尊重他人的选择。

有思想的人，不仅有自己的思想，而且即便是那些接收来的思想，只要与他的生命与生活产生强烈的共鸣，那也会让他的内心变得非常强大。有思想，就意味着他用自己作为人的生命开始思考，用自己的生命去感受，去体验生活、感受世界，他判定自己的价值与意义不是因为别人的毁誉，他不在别人的眼光里生活。即使全世界的人都与他为敌，就算被全世界的人误解、孤立，他也同样可以淡然地生活。

这样的人不管在什么时代，不管在什么国度，都将是极少数的群体。但是，可以肯定的是，这样的人在多元、开放、平等、自由的社会中将更有生存的土壤。并且这样的人是不会与人为敌的，成为孤峰也是非常困难的，他不必用"道不行，乘桴浮于海"作为自己的出路，他或许会孤独，但是孤独在他看来也是一种幸福，也是一种享受。

内心强大、思想丰富的人，有多少人误解他，他一点都不在乎，世俗的偏见他也不在乎，因为他的内心就是一个完美的世界。一个人内心的丰富，可以弥补物质的不足。内心强大的人，就是真正有思想的人，而真正有思想的人，也肯定是内心非常强大的人。

让自己自信起来

有一个在招待所工作的姑娘，负责旅客的住房登记。不知道从什么时候开始，姑娘染上了一个毛病，当着众人面写字手就发抖，把字写得一塌糊涂，或者干脆有的时候就写不上去。遇到比她文化程度高的人，她的手就抖得更加厉害；反之，她写字明显就非常轻松了。

一个青年朋友有轻微的口吃，是从小模仿别人落下的"病根儿"。从小学、中学到大学直到工作，他都是个学习好、工作好，令老师和领导喜爱，与同学及同事相处得很好的人。所以，快乐而自信的他对自己的口吃一点都不在意。前不久，他到了一家外资企业工作，当进入这个新环境后，他发现人人素质都非常高，自己的优势完全没有了，同时他又感到人与人之间竞争得很厉害，也没有了以前那种非常和谐的人际关系。于是，他忽然觉得自己原来并不怎么在意的口吃现在却"显眼""碍事"了。他生怕上司、同事和客户看不起自己，所以就想每句话都讲得"顺溜"，这反而使他的口吃越发严重起来。

从上面的例子可以看出，人的心病往往与缺乏自信紧密相连，解除心理障碍的关键就是要建立自信。所谓提高自信心，就是要相信自己的能力，相信自己可以创造幸福的生活。这种可贵的品质可以帮助我们达成目标，解除心理困惑与心理障碍，可以扩大我们对幸福的感受力。

自信还是自卑，是和别人比较出来的吗？是由学历、职务和业绩的高低所决定的吗？说来这个年轻人本来应该非常自信，因为就整个社会而言，他已经是"天之骄子"了。但是，他又非常"不幸"，在单位里他的学历最低，所以他没有树立起自信心。那么，他若成为硕士、博士就能拥有自信了吗？估计还是不行，因为硕士、博士的上面还有研究员和院士呢！假如一直这样进行比较的话，恐怕他即使当上了国家领导要想自信也非常困难……显然，一个人要想真正拥有自信，首先就得突破这种"狭隘比较"的心理障碍。

镌刻在古希腊德尔菲神庙里唯一的碑铭"认识自我"，就好像是一支千年不熄的火炬一样，表达了人类与生俱来的内在要求和至高无上的思考命题。尼采曾说过："聪明的人只要能认识自己，便什么都不会失去。"

现在，随着社会的不断发展，人们对于自我的认识也进入了一个突破性的新阶段。事实上，每个人身上都有很大的潜能，每个人都有自己独特的个性与长处，每个人都可以选择自己的目标，并通过不懈的努力去争取属于自己的成功。认识自我，是我们每个人自信的基础与依据。就算你的处境非常不利、遇到的事情很不顺，但只要你的巨大潜能和独特个性以及优势依然存在，你就可以一直坚信：我能行，我会成功。

一个人在自己的生活经历中，在自己所处的社会境遇中是不是可以真正认识自己、肯定自我，应当怎样去塑造自我，应当如何把握自我发展，如何选择积极或消极的自我意识，将在很大程度上影响或决定一个人的前程与命运。也就是说，你可能渺小而平庸，也可能美好而杰出，这在很大程度上取决于你的自我意识到底如何，取决于你是不是可以真正拥有自信。

有人会说，自信来源于成功的暗示，换句话说就是，某项重任或创新一旦成功了，这个人就会产生自信。此话虽不无道理，却仍并未道出自信的根本依据。一个人在做某件事，特别是在担当重任或大胆创新的时候就应当拥有自信，也应当自信，而并不是说在成功之后才拥有自信。

如果你觉得自己不够聪明、能干和美丽，通常是因为你总和他人比较，或者是因为把现实中的自己和理想中的自己相比较。人们常常只看到别人的美好和幸运，总希望那些美好与幸运自己也可以拥有，却很少想到完全可以通过努力改变自己，使自己变得更加聪明、能干和美丽，塑造一个全新的自我。

在现实生活中广泛存在的是"自卑"，或许某一件极其微小的事情都有可能使一个人情绪低落，失去原有的自信心，对生活充满了自卑。"自卑"的主要表现为对自己的能力、品质等自身素质评价非常低；心理承受力脆弱；经不起较强的刺激；谨小慎微、多愁善感，常常会产生疑忌的心理；行为畏缩、瞻前顾后；等等。自卑心理主要来源于心理上的自我消极暗示，它可以是偶然存在，也可以是在一段时间内存在。

自信的建立要比自卑的形成困难，它需要一个相对较长的时期来完成。所以，在增强自信的阶段要有一定的恒心，一定不可以半途而废、急功近利。也不要认为自己无药可救，绝对的不可能在世界上是没有的，只要自己努力，就不会轻易被难倒。

要习惯于改变自己，只有你变了，你的世界才会跟着变。鱼儿的世界在水中，鸟儿的世界在天空，你力所能及的地方就是自己的世界。物以类聚，人以群分，假如想要向天空飞去，就要生出双翼；想要融入更好的世界，就要让自己变得非常优秀。变，过程非常痛苦，但结果却很迷人。如果害怕改变自己，那就只能苟安于凄凉。

把困难踩在脚下，你才会站得更高。生命就是一次次蜕变的过程。只有经历各种各样的折磨，才会增加生命的厚度。当你从痛苦中走出来后就会发现，你已经拥有了飞翔的力量。

所以，让自己自信起来吧！

第五章

你是最棒的!

人的一生时时精彩是不可能的，任何人都会有烦恼。我们不会因为烦恼而停滞不前，也不会因为烦恼而无法生活。要想少一些烦恼，我们就要学会善待自己。凡事只要从好的一方面去想，就总有想得开的时候。这可能是漫长的过程，但只要我们始终带着坚定的信念，那么被踩在脚下的就是困难与烦恼。

凡事都要认真

无论是工作还是学习，我们在做的时候都应当尽心尽力，"凡事尽力而为，做人问心无愧"。

胡适先生《差不多先生传》这篇文章中，做事不认真，"凡事只要差不多就好了，何必太精明"，最后丢了命，可惜到死也不明了的艺术典型"差不多"先生，既可怜又可恨。不得不说，胡适先生为人处世是非常认真的，罗尔纲先生在书中把胡适先生的教诲称作"煦煦春阳的师教"。胡适在教训一入师门的他时就用到了"不苟且"这三个字。"一介不苟且，一介不苟与"，最大的工作资本是不肯苟且放过的习惯。胡适先生不仅自己在工作中恪守"认真"二字，而且也教育学生一点不能马虎。这才是真正如"煦煦春阳"般的严谨的作风和美德的力量。

另一位现代文学史上的大师巨匠——文笔很幽默，通篇的言辞也毫不含糊的鲁迅先生，同样是认真的楷模。内山完造先生是鲁迅先生的挚友，据他回忆，鲁迅曾经写过一段使他感动得热泪直流的话。鲁迅说："中国正患着一种疾病，马马虎虎，若不治疗就无法救中国。日本人所具有的认真精神，是需要中国人学习的，除此之外，没有其他的药物可服用。"

有作为的罗尔纲牢记了老师"不苟且"的教诲；资源贫瘠的日本之所以能够成为举世瞩目的经济大国，靠的就是鲁迅先生说的认真精神。可我们，做事不认真的现象比比皆是，对照人家，胡适先生用以警醒"差不多"先生的"不苟且"依然应高呼，鲁迅先生为国人开的那剂治疗的药方依然用得着。例如，那些总是见异思迁又好发誓言的人，常常是"做了寒衣杨柳青，做了夏衣水结冰"，结果只会落得"春日夸口千句有，秋天果子一个无"。那些雷声大雨点小，阳奉阴违的人，怎么能够在人类已进入"地球村"的世界经济大竞争中为民族复兴奏响"更快、更高、更强"的激情乐章呢?

凡事认真最重要。"认真"是一个人做人处世的优良品行，有了这样的品行，就会成为一个有益于社会的人、一个正直勤勉的人、一个有所作为的人。一个团体、一个民族发展，强盛的根本就是认真。无数事实证明，无论个人、民族、国家，无论大事小情，要想做得成、做得好，都需要认真精神。

"自觉状态"在市场经济条件下是"努力工作"的实质，要珍惜每一天，干好每件事。毛泽东有句名言："世界上怕就怕'认真'二字，共产党人最讲认真。"这股民族的内力对社会的进步有着巨大的作用，可以说，弄虚作假、形式主义、官僚主义的克星，科学严谨的工作态度，踏实做事、肯负责任、一丝不苟的敬业精神的具体体现就是认真。

不要认为自己一无是处

一只很弱小的鸟，却可以充当报春的使者；一片树叶，尽管很单薄，却可以装点世界；一只蜜蜂，尽管没人注意，却可以酿制出最甜的蜜。其实，世界上的每一种事物都有存在的理由与价值，因此一定不要认为自己一无是处，不要那么悲观。

成名前的法国文豪大仲马穷困潦倒。有一次，他跑到巴黎去拜访父亲的一位朋友，想请他帮忙介绍个工作。

"你能做什么？"他父亲的朋友问他。

"老伯，我没有什么了不得的本事。"

"精通数学吗？"

"不精。"

"物理或者历史你懂得吗？"

"老伯，我什么都不知道。"

"会计呢？法律怎么样？"

满脸通红的大仲马第一次知道自己什么都不会，便说："我真惭愧，现在我一定要努力补救我的这些不足。我相信不久之后，一定会让老伯满意的。"

"可是，你要生活啊！将你的住处留在这张纸上吧。"他父亲的朋友对他说。

大仲马无可奈何地写下了他的住址。他父亲的朋友突然大叫着说："你终究有一样长处，写名字很好呀！"

你看，成名前的大仲马也曾有过认为自己一无是处的时候，然而，他父亲的朋友却发现了他一个看起来并不是什么优点的优点——写名字很好。

写名字好，也许你对此不屑一顾：这算什么！然而，不管这个优点有多么"小"，它毕竟是个优点。你可以以此为基点，将自己的优点范围扩大。名字能写好，字也就能写好，字能写好，为什么就不能写好文章？

我们中的每一个，特别是不自信的人，切不可把优点的标准定得过高，对自身的优点视而不见。不要死盯着自己学习不好、没钱、相貌不佳等等不足的一面，还应看到自己身体好、会唱歌、字写得好等等不被外人和自己发现或承认的优点。

"一无是处"的不会是你。在这个世界上，每个人都潜藏着独特的天赋，这种天赋就像金矿一样埋藏在我们平淡无奇的生命中。那些总在羡慕别人而认为自己一无是处的人，是永远挖掘不到自身埋藏着的金矿的。

人要学会发现自己，要在不断尝试的过程中发现自己的优点和独特之处，这样，我们才能够使自己充满自信，才能够走出消极的情绪，迎接属于自己的美好。

那么，我们怎样才能走出"一无是处"的自卑心理呢？

一个人由于缺乏成功的经验、缺乏客观的期望和评价，消极的自我暗示又抑制了自信心，再加上生理或心理上的缺陷、恶劣的生活境遇等等使其产生了自卑心理，这种心理常常表现为抑郁、悲观、孤僻。如果任其发展，便会成为人的性格中难以改变的一部分，到最后便会严重影响到人的社会交往，抑制人的能力的发展。那么自卑心理该如何加以克服呢？

首先，在同别人进行交往时要有意识地选择那些性格开朗、乐观、热情、善良、尊重和关心别人的人。在交往过程中，他人会吸引你的注意力，你会感受到他人的喜怒哀乐，跳出个人心理活动的小圈子，心情也会变得开朗起来。同时在交往中，通过有意识地比较，可以正确认识自己，调整自我评价，提升自己的自信心。

其次，对自我的评价要不断提高，对自己要做全面正确的分析，多看看自己的长处，多想想成功的经历，并且不断暗示自我，进行自我激励，如"我一定会成功的""人家能干的我也能干，我不比他们差"等等，经过一段时间的锻炼，便会逐步克服自卑心理。

最后，要想办法使自己成功的体验不断增加，寻找一些力所能及的事情作为试点，努力获取成功。如果第一次行动成功增加了自己的信心，之后便照此办理，获取一次次的成功。随着成功体验的积累，自信很快就会取代你的自卑心理。

除此之外，还应做一些训练，提升自己的自信心。

第一，默念"我行，我能行"。

自卑的人在评价自己时，总认为自己不行，这也不行那也不行。越认为自己不行就越没信心，越没信心就越觉得没劲，甚至是破罐子破摔。所以，为了克服自卑心理，树立自信心，要在心中默念"我行，我能行"。要果断地默念，重复几次，特别是在遇到困难时更要默念，只要你坚持，特别是在早晨起床后和在晚上临睡前反复默念几次，通过自我积极暗示的机理就会逐渐树立信心，使心理的力量逐渐累积。

第二，多想自己开心的事。

每个人都有开心的事，开心的事就是你做得成功的事，信心和力量都是它的产物。要多想你最得意、最成功的事，对那时你的心理感受细心品味一下。

第三，要面带微笑。

不自信的人经常会眼神呆滞、愁眉苦脸，而雄心勃勃的人眼睛总是会闪闪发亮并且满面春风。人的面部表情与人的内心体验是一致的。快乐的表现就是笑，笑能使人产生信心和力量，笑能使人心情舒畅、精神振奋，笑能使人忘记忧愁、摆脱烦恼。学会笑，学会微笑，学会在受挫折时笑出来，就会提高自信心。虽然这是个看起来很简单的方法，但是做起来确实有效果。当你逐渐养成了经常微笑的习惯，你就会觉得内心充满了自信和力量。

第四，挺胸抬头。

人遇到了挫折，气馁了，就常常垂头，这是失败的表现，是没有力量的表现，是丧失信心的表现。成功的人、得意的人、获得胜利的人总是昂首挺胸、意气风发。富有力量的表现、自信的表现就是昂首挺胸。

人的姿势与人的内心体验是相互促进的关系。一个人有信心、有力量便会昂首挺胸，而没有信心、没有力量就无精打采、垂头丧气。学会自然地昂首挺胸，就会逐步树立信心。

第五，主动与人交往。

见面与人主动打招呼，主动问候别人，按照常规，别人也会回敬并问候你。你最好微笑着。很少见到对别人微笑着问候"你好"，别人会对你横眉竖眼说"你不好"的，这是不符合人之常情的。在同别人的微笑问候中，会感受到人间的温暖与真情，这种温暖与真情给予了人们力量和信心。

第六，欣赏振奋人心的音乐。

这样的情绪体验人们都会有：当听到雄壮激昂的乐曲时，往往因受到激励而热情奔放、斗志昂扬；当听到低沉悲伤的哀乐时，心头往往会涌上悲痛、怀念之情。因此，经常听一听欢乐的音乐，对调整情绪很有好处。

第七，在已经取得成就或显现优势的领域继续努力。

不少人在取得成功和自信之后，往往会忘记自己曾赖以获得快乐的品质或特点。因此，切忌放弃自己的优势另起炉灶，或者朝三暮四、半途而废。不断提高自信、走向成功的秘诀之一就是坚持不懈地在自己已经有所成就或者显示出较大优势的领域内努力工作。

第八，自主地选择适合自己发展的环境。

有的环境能提供给你展示优点的机会，并具有协助你发展的条件，拥有一些与你目标一致，对你关心、理解、支持的人；但有的环境不但以上因素都不具备，反而会压抑你、妨碍你、挫伤你，而你要与之相抗衡。

因此，对自己的发展环境有意识地加以选择，有目的地引导自己不断发挥和巩固优势，能够有效地提高你的自信力。

第九，主动尝试。

对从前自己没有接触过的、能提高能力的领域，要拥有好奇心和求知欲。不计较眼前的得失，也不提出过分的要求，鼓励自己大胆尝试，只管去看、去想、去做就行了。

第十，自觉充实闲暇的时间。

有的人在生活中表现得很被动，只有当别人要求他做什么时他才去做，而且做完之后便无所事事，闲暇时间被聊天、上网、逛街、看电视、睡觉等等一些纯粹的休闲活动所充塞。他们很少去考虑将来，只是消极地去等待将会到来的幸运或厄运。而另外一类人就很主动地去生活，他们不但做好被要求做到的事情，而且在闲暇时间"没事找事"，主动去接近对自己有益的人和事物，寻找各种机会丰富自己。他们的眼睛不仅仅会看到现在，也积极地关注未来，并且变关注为行动，通过增长见识和提高才干来把握命运。相比之下，后者生活得更充实，未来的发展会更顺利。因此，最好填充自己的闲暇时间，尽可能地去做各种有助于自身发展的事情，为供给自己信心的资源永不枯竭提供保障。

只要我们能记住以上几点，并时常训练，就一定能增强自己的自信心。

阳光总在风雨后

"阳光总在风雨后，乌云上有晴空。珍惜所有的感动，每一份希望在你的手中。阳光总在风雨后，请相信有彩虹。风风雨雨都接受，我一直会在你的左右……"

人生的道路荆棘密布、暗礁丛生，成功就犹如一束灿烂的阳光，风雨就是每个成功人士都必须经历的一些挫折、困难……取得成功的人，谁不是经历过无数的挫折、困难，谁没受过磨难呢？

爱迪生是世界闻名的伟大发明家，他之所以能有那么多发明，是因为他付出过无数的汗水，受到过许许多多的挫折。他经过无数次的实验，研究发明了电灯丝。他失败过，但他从不气馁，而是吸取教训，一而再，再而三地反复实验，最后终于成功了。

谁都有跌倒的时候，我们要坚强地站起来，从哪儿跌倒就从哪儿爬起来。眼前的困难只是暂时的，宁愿去争夺波涛汹涌的自由，也不在无人的避风港躲着。

我们都必须自己面对人生路上的甜苦和喜忧。当你遇到困难时，不要退缩，战胜自己，勇于挑战困难，只要你相信——风雨后总会有阳光。

谁的人生都不是十全十美的，无论做什么总会遇到一些坎坷，但只要勇敢前进，你就会获得成功。生活丰富多彩，世界千姿百态，适应生活，融入世界，即使遇到的风雨再大，你也要走下去，永不向困难低头。你只要战胜自己心里的孤单、恐惧，就会拥有属于自己的一片蓝天。

有时，挫折是一种磨炼而不是折磨。因为当你战胜了挫折，就会觉得人生也有雨后彩虹，那么也许就会战胜自己的心魔，不再害怕天黑，不再害怕挫折，因为它给了你享受雨后彩虹的滋味，它让你知道了风雨后一定会有阳光。

人生和树不也很像吗？有时难免会遭受突如其来的风雨、雷击，但是树都可以在风雨中屹立，在雷击中更加挺拔，我们为什么就不可以敞开胸怀，微笑着迎接风雨呢？如果我们在面对挫折时缺乏信念、缺乏顽强与勇气，那又怎能与之一战？生命如花，花期短暂，生命亦不能永恒。莫要虚度光阴，应好好把握每分每秒，战胜每一个坎坷，只要你战胜了心魔、战胜了挫折，那么你的人生就不会暗淡无光，一点意义也没有。

将满载希望的翅膀扇动起来，风雨无阻地向着梦想的天空飞翔，带着那份坚定、那份执着，寻找风雨过后的彩虹，尽情享受风雨过后的阳光。

我们在人生的道路上会遇到崎岖艰险，但请相信会有彩虹，风风雨雨都要接受，阳光总在风雨后。每一份希望、每一份快乐都握在我们手中，不要轻易松开，应将其抓牢。

学会感恩

要感谢那些曾经让自己成长的人，是他们让你走向了成熟睿智。学会感恩，收获的人生定是别样的。

创造生活需要一颗感恩的心，一颗感恩的心需要生活来滋养。常怀感恩心，一生无憾事。翻开日历，因为我们的感恩，一页页崭新的生活会变得更加璀璨。

感恩斥责你的人让你学会了思考。

人与人相处，有欣赏就有斥责。遭遇斥责请不要恼羞成怒。要学会自我反思，试着换位思考。这样在以后的人际交往中，你就会以此为鉴，有则改之，无则加勉。所以，请感恩让你学会了思考的斥责你的人。

感恩绊倒你的人强化了你的意志。

社会上只要存在竞争，就免不了尔虞我诈，有些人为了达到自己的目的，会不择手段地将各种障碍放置在你前进的道路上。当你遭遇到阻挠时，请不要轻言放弃，要勇敢地面对。请相信，只要你坚持，阳光就在风雨后。最好的动力就是压力，这种越挫越勇的精神无形中会强化你的意志力。所以，请感恩绊倒你的人吧。

感恩遗弃你的人教会了你要独立。

在成长和成熟的过程中，一个人难免会经历自我独立，因为亲人不可能一生都陪伴在你身边。正所谓，"花无百日在深山，人无百年在世间"。当出于某种原因你的亲人放弃了你，你不能心生埋怨和悔恨，要懂得感恩，对他们一生不求回报无限的付出感恩，感恩他们的及早放手。

有一种爱叫作放手，你学会了独立是因为他们的放手。

感恩欺骗你的人增长了你的阅历。

当你被骗时，请不要仇视对方，也不要自责。所谓吃一堑长一智；害人之心不可有，防人之心不可无。所以，请对欺骗你的人感恩，你无形中增长了社会阅历是因为有了他们的欺骗。

感恩伤害你的人磨砺了你的心志。

在成长和成熟的过程中，一个人难免会受到不同程度的伤害。人生不可能一帆风顺，假如你的真诚换来的回报不对等，请不要怨天尤人。请坚信，每一次伤害都是对你人生的洗礼，每一次伤害都是一种崭新生活的开始。舔舐伤口，化痛楚为前进的动力，相信终有一天会让你破茧成蝶。所以，请感恩伤害你的人磨砺了你的心志。

感恩在困境中帮助过你的人让你坚定了信念，感恩在顺境中忠言提醒你的人，是他们帮你校正了航向。感恩污蔑你的人让你知道正人先正己。

有一种回报叫作"感恩"。回报母亲，因为她给了你生命；回报老师，因为他给了你知识；回报自然，因为它给予了你生存的空间。生活的每一天都要充满着感恩的情怀，学会宽容，学会承受，学会付出，懂得回报。每天都有一个好心情，每一天都幸福地生活。

和朋友在一起，酒甜歌美，情浓意深，要感恩上苍给了你这么多好朋友，让你感受到友情的温暖、生活的温馨。

对四季感谢，它让你体会到桃红柳绿、春山含笑的艳丽美妙，欣赏到了电闪雷鸣、暴雨酣畅的自然景象，体会到了白云浮空、硕果累累的爽朗喜悦，欣赏到了白雪皑皑、山河壮美的生动画面。走进自然，放眼红花绿草、秀美山川，对大自然无限美好充满感恩，感恩上天的无私给予，感恩大地的宽容博爱。

感谢日升，让你在明媚的阳光中拥有明亮的心情；感谢日落，让你在喧嚣疲惫之后得到了休息。感谢朝霞捧出了黎明，感谢明月照亮了夜空，感谢天空中灿烂的星辰，有它与你一起迎接新的一天。

一个懂得感恩的人，会将感恩化作充满爱意的行动，乐善好施，笑对朋友，笑对困难，笑对世界，笑对人生。感恩是一颗爱的种子，在心中将它播下，它便会生根发芽、开花结果。一种自重自爱的人生境界是感恩！感恩是一种处世哲学，是一种生活智慧，是一大人性美德，更是学会做人、成就阳光人生的支点。可以化冰峰为春暖、化干戈为玉帛、化腐朽为神奇的就是感恩和仁爱。

爱和善的基础就是感恩。常怀感恩之心，至少可以让自己活得更加美丽、更加充实。如果人人都有一颗感恩的心，那么天天都是感恩节，世界会因此而变得更加美丽。

感恩阳光雨露的小草，一岁一枯荣之后又萌发新绿；感恩蓝天白云的雄鹰，在清寒玉宇中展翅高飞；感恩巍峨高山的溪水，从山涧低吟下泻；感恩广袤大地的泥土，在田野里散发出沁人的芬芳。我们在感恩的世界里生活，感恩生命的伟大，感恩生活的美好，感恩父母的言传身教，感恩老师的谆谆教诲。大自然赋予生命的一切恩泽我们都要感恩。

当你懂得感恩的时候，你就会发现世间的美好，也会发现原来自己生活中充满了无数的快乐和开心，当你待人接物懂得感恩的时候，你便会发现，每个人都具有那么独特的魅力。你将会发现，使他人的脸上绽放出美丽的笑容，自己也是可以的。

力量之源、爱心之根、勇气之本就是感恩。感恩父母，你将不再辜负父母的期望；感恩社会，跌倒在地的老人你会轻轻扶起；感恩人生，你将笑对狂风暴雨，笑迎天边那一抹彩虹。如果我们学会感恩，那么收获的人生定是别样的！

宽容一点

在寺院的高墙边，一位德高望重的长者发现了一把座椅，他知道有人借此越墙到了寺外。长老把椅子搬走了，人却守在这里等候。午夜，外出的小和尚爬上墙，再跳到"椅子"上，他觉得"椅子"不似先前那么硬，软软的甚至有点弹性。小和尚落地后定睛一看，才知道椅子已经变成了长老，原来他跳到了长老的身上，后者是用脊梁来承接他的。小和尚仓皇地离去了，这以后的一段日子他诚惶诚恐地等候着长老的发落。但长老并没有这样做，对这"天知地知你知我知"的事压根儿就没有提及。小和尚从长老的宽容中获得了启示，他收住了心再没有去翻墙。他通过刻苦的修炼，成了寺院里的佼佼者，若干年后，成了那里的长老。

"海量"不仅是宽容所需要的，它更是一种修养促成的智慧。事实上只有胸襟开阔的人才会自然而然地运用宽容。在上面的故事中，长老若搬走椅子对小和尚"杀一儆百"也没什么大不了的，小和尚可能从此收敛但未必会真正反省，那以后的故事可能就不会有了。

一家饭店里有一位老人、两个年轻人在用餐，偌大的饭店就只有他们三人，一个年轻人在一个光线阴暗的角落坐着，老人则和另一个年轻人并排坐在靠门口的一张桌上。可能是饭店的人少，灯光比较暗，老人的手机放在桌子上，坐在老人旁边的年轻人时不时地看一眼，角落里那个年轻人也看出了他的反常，时不时地向老人那桌看。终于，在这位老人侧过身点烟的瞬间，和他并排而坐的这个年轻人将老人的手机装进自己的口袋中。

老人回过头，很快发现自己的手机不见了，他稍微愣了一下，看了看左右，那个年轻人也已吃完，准备起身往外走。老人就这么看着他，当他走到门口伸手拉门的时候，老人起身说："小伙子，你稍微等一下。"小伙子微微抖了一下，站在门口没有转身。接着，老人说："我昨天过七十大寿的时候，我女儿送了我一部手机，刚才我把它放到了桌子上，可能是我不小心给碰到地上了，我这眼睛不好，但手机肯定是掉在这一块儿了，小伙子你眼睛好，可以帮我找找吗？"小伙子转过身没说话，向老人那桌走去，他蹲下身找了一圈，从口袋里把手机拿了出来，站起身对老人说："大爷你看看这个手机是不是你刚才掉的那个？"老人接过手机，看了看，对小伙子说："谢谢你啊，这小伙子多好啊。"这个年轻人转身走出了饭店，这时坐在角落里的那个年轻人目睹了全过程，走过来问老人："你知道手机是他拿的，为什么不报警？"老人别有深意地说："我要是报警固然也能找回手机，但是却失去了比手机更值钱的宽容。"

宽容的人始终是掌握主动权的，而对人、对事的包容则是需要一个人经历足够多的事情去锻炼的品质。生活中常常有人把宽容误以为是软弱，其实它是一种坚强。无可奈何、被动放弃不算宽容，有这么一句话——最坚强的是能承受背叛的人。

生活中往往要历经数年的磨合才能实现夫妻之间的恩爱和谐。很多人直到年逾不惑才会悟出，婚姻里不讲什么道理，讲的只有适应和忍让。"宽容一点，好日子就来了"，是幸福婚姻的一个重要秘诀。

刚结婚时，自以为婚姻生活永远是情意绵绵、如胶似漆。蜜月过了，夫妻之间的怄气就成了家常便饭。柴米油盐酱醋茶，锅碗瓢盆交响曲，年轻的夫妻不懂得宽容和忍让，针尖对麦芒，难免互不相让。结果是大人闹、孩子哭，气急了的老婆回了娘家。

丈母娘家男人是懒得回的，只好独守空房。在夜不成寐时，夫妻都会品咂出，两口子不存在大是大非的冲突，彼此压根儿就不想离婚，赌的只是一口气。此刻，为了莫名其妙的事吵架，年轻的夫妻都在后悔。聪明的老婆绝对不会让娘家人为她"报仇报怨"，而聪明的丈夫只有厚着脸皮去丈母娘家把妻子接回来。

经过多年的婚姻生活才会明白：婚姻就是过日子，繁杂的家务填充了家庭中的漫长岁月；男人会累，女人会烦，拌嘴和吵闹不是感情发生了质变，而是将生活中劳累的情绪发泄一下而已。此时，夫妻之间的拌嘴和吵闹，双方都没什么道理可讲，"忍一时风平浪静，退一步海阔天空"是唯一应遵循的真理。

当婚姻中产生纠纷时，难免会滋生出一种不良的情绪，年轻的夫妻往往会纠缠不已，非要分出个是非曲直、谁对谁错、孰高孰低。而成熟的夫妻架都懒得吵，即使一方唠叨起来，另一方也会充耳不闻。熬过了河东狮吼的暴躁，家庭很快就会风平浪静。到了这个阶段，夫妻之间便已经懂得了宽容、懂得了忍让，在宽容的心态中一切纠纷都会烟消云散。

一对白发苍苍的老夫妻曾经被追问过："你们年轻时吵架吗？"答："吵呀，现在还吵。"有人迷惑地问："一生都在吵架？"答："是呀，不过，我们还过了一生的好日子呢。"那对白发夫妻相视一笑。多年的情爱交融，什么都不用说了。

要想好日子来，宽容一点就行了。有了宽容，吵架的夫妻也会幸福到白发苍苍。原因是他们在拌嘴之余，慢慢地、慢慢地就懂得了宽容，懂得了如何设身处地去互相关照与体贴。婚姻中的纠纷，不讲道理，只讲宽容——这个生活技巧看似朴实无华，但要悟透却要历经多年的磨砺。

在日常生活中，也许你也会遇到一些伤害你的事，比如友情方面。有人可以容忍被一个陌生人欺骗，却承受不了被最亲密的朋友伤害，为什么对陌生人那么从容，对朋友的伤害就不能用心宽容？对朋友的宽容是给他一次机会，也给自己一次机会。或许也可以说，只有经历过痛苦的友情、爱情，才会变得更加坚固、长久。

为自己鼓掌

一个简单而平凡的动作——鼓掌，却蕴含着人类极高的情感。舞台的灯光闪亮，一段优美的舞姿，一首荡气回肠的歌曲，会让我们发出经久不息的掌声，我们赞赏美用掌声来表示。当一场激动人心的报告震撼了我们心灵的时候，当我们内心感到愉悦需要表达自己的情感的时候，我们也会毫不犹豫地鼓掌。可有谁为自己鼓掌呢？几乎没有。或许我们失败过，或许我们对自己比较苛刻，我们很少为自己鼓掌。看看我们自己和周围，也许真的很应该为自己鼓掌。

世上的每个人，都希望自己能够创造出辉煌的成就，希望自己的风度学识、动人歌喉、翩翩身姿能得到别人的欣赏与掌声，但并非每个人都能在灯光耀眼的舞台上神采飞扬地展示自己。

也许你是瓷器，因为式样普通遭人冷落，没有凝脂样的釉色、没有细腻精致的花纹，可当你由一堆不起眼的泥坯变成有形的器物时，你的生命已在烈火与高温中变得灼人而亮丽，你应该为此而欣慰，你应当为了自己而鼓掌。

也许你是一块顽石，耸立山间，终日承受着日晒雨淋，凹凸不平的外表平淡无奇而又丑陋不堪。在沧桑变迁中，你在这深山中被长久地遗忘。但你同样应该为自己而自豪，因为长久的屹立不倒便是你永恒的骄傲，你应该为了自己而鼓掌。

也许你是一朵无名的小花，长在低矮的屋檐下，娇小的花瓣、瘦削的茎叶，没有蜂蝶的殷勤顾盼、没有小鸟的歌唱，你微小的生命在旱季初至的时刻也将随之逝去，但你仍要为自己喝彩。真实而勇敢地生活、活出真正的自我，这便是你引以为豪的资本，你同样应该为了自己鼓掌。

也许你是一棵小草，无人问津，也许你是一匹没有精美花纹的布料，是一张平凡普通的白纸，是人生长河中的匆匆过客……吸引不了别人惊讶与赞叹的目光，但你也应伸出双手为自己鼓掌！

为自己鼓掌，半点掩饰与矜持也没有，大大方方、潇潇洒洒地为自己的生命喝彩。

为自己鼓掌，是一种超脱而高昂的人生境界，而不是自我陶醉，不是自我满足。

为自己鼓掌，不在意别人的目光，要明白，最好的欣赏者便是你自己。

蜗牛说："振翅奋飞的雄鹰可以登上金字塔顶，而我心飞翔，一样可以登上金字塔顶。"

世界这个舞台很绚丽，每个人都在演绎着自己的故事。或许，你的故事并不是很精彩，你也不是主角，但请记得为自己鼓掌。

我们谁也无法预料明天等待我们的是什么，但今天的路我们依旧要走好。在困难面前，或许你徘徊踌躇过；在失败面前，或许你伤心失意过。但这都没什么，当你看到早晨第一缕阳光的时候，请记得为自己鼓掌。不管前方是什么在等待着，太阳依旧一如既往，骄傲地冉冉升了起来。所以请记得为自己鼓掌，带着曾经的坚定和执着的脚步，向着前方，一如既往……

演出没有掌声是乏味的，同样，没有掌声的人生也是可悲的，我们需要掌声。但是，在大多数时候，他人的掌声仅仅是一种形式，而为自己鼓掌是我们所需要的。

鼓掌不是孤芳自赏，而是对自己生命价值的认可与赞赏。掌声和信念、梦想一样，激励着我们前进。在人生的道路上，我们将面临更大的困难和更多的挑战，我们做不到每次都成功，但可以每一次都为自己鼓掌。成功时，固然要为自己鼓掌；失败时，也要为自己那段无怨无悔的奋斗经历鼓掌。就算是失败了，你依然可以为自己鼓掌，毕竟你曾努力过、奋斗过、毕竟你曾拼搏过、追逐过。用自己的掌声，送别这次失败，去迎接明天的辉煌。

就算你再渺小，也不要因此而拒绝为自己鼓掌。也许你只是一棵小草，但你也可以为自己坚强地从碎石中钻出的那段经历鼓掌；也许你只是一滴水珠，为了自己在这漫天飞扬的尘土中还能保持纯洁你也可以鼓掌。

我们就跟独行在大海中的小船一样，掌声就像是远方的灯塔，风平浪静时，我们需要它；波涛汹涌时，我们更需要它。在以后的日子里，让我们以自己的掌声为伴，让我们勇敢地接受明天的挑战吧！

或许，在人生的十字路口上你正徘徊着，向左走还是向右走？一边是你努力执着的梦想，但荆棘满路；而一边则是平常人走过的平坦大道。那么，当你踏上通往梦想的旅途时，请记得为自己鼓掌，为自己的勇气、为自己的梦想留下掌声。

或许，你正坐在轮椅上埋怨命运的不公，可能你正自暴自弃，不过，请打开窗户，听听小草钻出地面的声音，这是象征着希望的声音。一抹微笑是否已经挂上脸颊呢？此刻，请记得为自己鼓掌，为希望的开始留下掌声，然后坦然地面对生活的酸甜苦辣。

又或许，你戴着胜利的花环，可你不满足于现在的成功而渴求更大的胜利，仍然眉头紧锁。那么，当你明白"水滴石穿，非一日之功"的道理时，请记得为自己鼓掌，然后迈向成功的彼岸。

每个人都演绎着不尽相同的故事，也许你的故事很不起眼，尽管你演绎的人生不是灿烂夺目，但请记得为自己鼓掌。成功不是偶然，失败更不是终结，请为自己鼓掌，为自己的勇气、梦想、执着留下掌声。留下掌声，只为演绎更美好的明天。

肯定自我

1960年，哈佛大学的罗森塔尔博士曾在加州的一所学校做过一个著名的实验。

在新学年开始时，罗森塔尔博士让校长把三位教师叫进办公室，对他们说："根据你们过去的教学表现，本校最优秀的老师就是你们。因此，我们特意挑选了100名全校最聪明的学生组成三个班让你们教。这些学生的智商比其他孩子都高，希望你们让他们取得更好的成绩。"

三位沉浸在兴奋中的老师都表示一定会尽力。校长又叮嘱他们，对待这些孩子要像平常一样，不要让孩子或孩子的家长知道他们是被特意挑选出来的，老师们都同意了。

一年过去了，这三个班学生的成绩果然排在了整个学区的前列。这时，校长告诉了老师们真相："这些学生并不是刻意选出的最优秀学生，只不过是随机抽调的最普通的学生。"老师们没想到会是这样，都认为自己确实有很高的教学水平。这时校长又告诉了他们另一个真相，那就是，他们也不是被特意挑选出的全校最优秀的教师，不过是普通老师罢了，他是随机抽调的。

博士意料到了这个结果：这三位教师都认为自己是最优秀的，并且学生又都是高智商的，因此对教学工作充满了信心，工作自然非常卖力，肯定会收获非常好的成果。

其实，罗森塔尔博士在实验中使这三位老师在心理上产生了一种自我暗示，即自我肯定。增强自信心的好办法就是自我肯定、自我激励。

每个人都应该做自我肯定，只有这样，才能产生自信心。

什么是自我肯定呢？它是让人拥有信心的法宝，也是帮助人们活出多姿多彩人生的好途径，只有肯定了自我，成功才有可能。看看成功的名人以及生命中的勇士们，他们都不在乎自己失去什么，而在乎自己拥有什么，进而肯定自我，创造生命的价值。

如果不断自我鼓励、自我肯定，就能够拥有足够的自信。反之，就会越来越没自信。

自我肯定，就是重复用一些具有积极意义的话语暗示自己，以代替我们头脑中已有的消极想法，从而使我们的日常习惯、生活态度和自我期望发生改变，使我们在日常行为中充分感受到自己所具有的无穷潜能和力量，也就是自觉、有目的、有意识地运用积极的语言改变自己。

肯定练习的进行，让我们能够开始用一些更积极的思想和概念来取代我们过去陈旧、否定的思维模式。这是一种强有力的技巧，一种能让我们对生活的态度和期望在短时间得到改变的技巧。

自觉地诱发积极而良好的心理状态，并使其保持稳定，从而改变消极、不良的心理状态是自我暗示法的实质。

人生有许多境遇状况，不论怎么做，总难令所有人都称好，总会有不同的意见，总会出现各种批评，总免不了受人非议。在这种情形下，稳定自己不可或缺的便是绝对的自我肯定。

肯定意味着"使之坚定"，一番肯定是关于某种事物积极的叙述。我们大多数人对生活、事件、情感以及其他问题产生自信的根源就在此。一天只需要进行十分钟有效的练习就能把我们多年消极的思想习惯清除掉。自然，你越经常有意识地告诉自己所做的一切是积极的，就越有可能创造出一个积极的现实来。

如果能够在做任何事情以前充分地肯定自我，就等于已经成功了一半。当你面对挑战时，不妨告诉自己："我就是最优秀的和最聪明的。"如此，结果肯定大不相同。

　　人的外表或因先天或因后天会造成某些缺陷，这都是自己无法选择的，但内心的状态、精神意志却完全可以靠自身力量来选择。还是那句话，"天生我材必有用"，在当今纷繁的世界上尤其应当肯定自己。

　　自我肯定就是对自己有信心，没有自信心的人就像是一只火鸡，遇到警报时会把翼翅及尾羽竖起来虚张声势一番，或者像一只鸵鸟，在害怕敌人袭击时便会将头钻进沙堆里躲起来，自欺而不能欺人地苟且偷安一番。能够自我肯定的人，不会虚骄、逃避，自己是什么就是什么，有半斤就是半斤，有四两就是四两，实实在在。许多人希望由他人来承认和肯定自己是个"人物"，他们自己也假装是个很了不起的人物，但自我肯定不是这样的。其实，一个人若无自知之明，就会经常遇到挫折。除非这个人的福气好，能够处处歪打正着，否则，他便会处处碰壁，还搞不清哪里错了，最后就变成了没有信心。因此，要想得到他人对自己的肯定必先完成自我的肯定。有了自知之明，才能自我肯定，才会建立起自信来。

　　"知己知彼，百战不殆"，是《孙子兵法》的主张。其实，对于常人而言，知己要比知彼更难。例如在家庭中经常吵架的夫妇俩，老是互相指责对方，看对方这也不是、那也不是，夫妇两人都只看到对方的不是，而不明白自己的习气就是问题之所在。凡是知彼而不知己的人，一定会烦恼多多，既不会做人，事也难成。

　　自我肯定和自我膨胀、自我吹嘘、自夸自大绝不是等同关系。自我肯定必须建立在自我了解的基础上。我们应该知道自己的分量，应该了解自己是什么样的材料，然后来充实自我、发挥自我；只要不放弃自我的既定方向，不动摇自我的基本信念，就不会因为受到环境的影响而失去自我。要想自我肯定，就必须增长优点，改善缺点。若能自知缺点，也是一种优点；若是夸大优点，也就成了缺点。

　　如何知道自己的缺点，如何发现自己的优点？打坐便是个好方法。诸位是不是常听说"身不由己"和"心不由己"这两句话？你会发现有太多心不由己的妄念或杂念了。自己心中所想的，往往不是自己要想的；自己要想的，往往反而想不出来。非自主的思绪和念头就是妄想杂念，而与妄想杂念相对的则是自主自律的正知正念。平常人品德不健全的现象很正常。然而，许多人都不知道自己的品德不健全，所以常常听到有人说："请你不要侮辱我的人格。"这似乎是说，他本来已经很完美的品德，被他人侮辱之后就不完美了。其实，人人都应该坦诚地承认自己的品德尚有许多问题，只有这样，才能直面自己的缺点，改正自己的缺点。能以真面目示人，坦承自己的缺点，是一种美德。

优点和缺点该如何衡量？不能光用别人的判断，要用你自己的标准，别人看你是缺点的，也许恰恰就是你的优点。优点和缺点、长处和短处，很难有绝对的标准，从这个角度来看，认为是优点和长处，但是站在另外一个立场看，很可能会被认为是缺点和短处。

要受人肯定先要自我肯定；先要自己有信心，他人才会对你有信心；先要尊敬他人，才能得到他人的尊敬。

你会成功的

在生活中，谁都想成功，可是很多人在追求成功而尚未行动之前就首先从心理上发生了动摇，他们会这样说："嗨！我能成吗?""这次，我看很可能会失败。""试试吧，失败了也无所谓。"于是他们真的失败了，而这种失败又成了一些储存起来的信息，并在下一次行动时进一步恶性循环。"嗨，我天生不行!"他们这样说着，也随之开始放弃努力。一位西方学者说得好，成功是一种习惯，还有一种习惯是失败。

优秀的高尔夫球运动员尼格拉斯有过一段发人深省的话，他说："人的精神世界可以看成只有一升容量，在里面装满积极的思考是胜者时常留意的，如何正确而出色地打出那些球是他们每天思考的。若说平常人之所以成为平常人，那是因为他们在只有一升的容器里至少装了一半的怀疑。他们想的不是怎样能打好那个球，而是想怎么打能不失败。"失败、疑虑在尼格拉斯心中没有丝毫的位置。当别人的精神时而这、时而那迷乱动摇的时候，他却一个劲儿地盯着"成功"看。后来，尼格拉斯把在体育竞技上表现的这种出色能力应用到了生产经营中，同样获得了惊人的成功。

自我感觉是尼格拉斯成功的一个关键因素。所谓自我感觉就是一个人对自己的外貌体型、人格个性、社会价值等的认识和评价。你的言行举止、人际交往被自我感觉影响着，而且，人的自我感觉还能产生一种"自我应验效应"，就是说当你认为自己真的不行的时候，其结果就会真的像你想象的那样。因此，你如果认为自己缺乏魅力、令人讨厌、事业毫无成就，那么，你对待生活的方式就与那些觉得自己有魅力、讨人喜欢、事业上有成就的人完全不同。人与人在成长过程中有所差别，其实是由人的自我感觉不同造成的。是的，自我感觉，成功的行为往往是由积极的自我感觉产生的，而积极的自我感觉又被成功的行为强化了，并在下次行动中产生更加成功的结果。这种良性循环，使一个成功者更加成功。

因此，成功不能仅仅被我们归因于方法和毅力等，成功当然离不开这些因素，但更离不开积极的自我感觉，它会为你提供精神动力和心理支持。因此，如果你想成功，要让内在的自我首先成功。就像一句名言说的那样，如果你想说服别人，请先将你自己说服。

让内在的自我成功，这就意味着要树立起积极的自我感觉，别再一味否定自己，要像尼格拉斯那样，把怀疑、失败等字眼清除出你的"精神容器"，当你决定干一件事情的时候，要坚信自己一定会干得漂亮。当然，这也有个思维习惯的问题，一开始完全做到是不可能的，任何事情都会有个过程。此时，你可以这样想：这件事，我或者成功，或者失败，它们都是50％的概率，如果我把精神集中在成功上，那么至少还有50％的可能会赢；但如果我把精神集中在失败上，那么100％就得失败。想想看，哪个更合算？

千万不要自暴自弃，要多看到自己的优点，相信你是独一无二的，这是人的一种自爱能力，也是开发自己、完善自己的一股动力。试想，一个连自己都不信的人还谈何成功呢？

如果你对于某种工作充满信心，再借助于科学方法、顽强的毅力及必需的人际关系，那么一旦有了时机，你便会成功。

法兰克·比吉尔是美国保险业巨头。比吉尔刚从事保险业的时候，事业曾经一帆风顺，他凭借出色的推销能力在这个行业里如鱼得水。当他充满激情、对未来充满抱负、渴望在保险业里大展身手的时候，却遭遇了自己从业以来的第一个工作"瓶颈"，并被它牢牢困住。那么，他出现的问题是什么呢？

他想迅速提升自己的业绩，于是便开始起早贪黑地出去跑业务，并使出浑身解数说服客户购买他推荐的保险。为了把每一个可能成交的业务争取到，他经常要几次三番登门拜访。可令他沮丧的是，一切的努力都收效甚微——虽然他付出了比往常多几倍的汗水，可业绩并没有比原来提升多少。

那段时间，他沮丧异常，整天郁郁寡欢，对前途丧失了希望，甚至想要放弃这个充满挑战的职业。

一个周末的早晨，他从噩梦中醒来，仍然有些沮丧和不安。不过很快他就平静下来，开始认真思考解决问题的办法。

在内心他不断问自己：为什么最近自己会这么忧郁，问题到底出在了什么地方？平日里工作的情景很快在他的脑海里闪现：许多时候，在他多次登门拜访、百般努力下，客户终于答应购买其保险，但客户常常在最后的关头反悔，并说："让我再考虑考虑，下次再谈吧。"这样，他最终不得不沮丧地离开，再去花时间寻找新的业务。

他飞快地思考着怎样才能很快把自己从沮丧中拯救出来。

在还没有想到更好的办法的时候，他开始随手翻阅自己一年来的工作笔记，并进行细致深入的研究，希望能够从中找到答案。很快，他就发现了问题的症结之所在。一个大胆的念头在他脑海里闪现，且震惊了他自己。

接下来，他一改往日的工作方法，开始采用新的推销策略进行工作。结果令他大吃一惊，他创造了一个奇迹———在很短的时间内，平均每次赚 2.70 美元的成绩被他迅速提高到了 4.27 美元。当年，他新接进的保险业务第一次突破百万美元大关，轰动了业界。

法兰克·比吉尔凭着自己出色的智慧和独特的推销策略，迅速成长为保险业内的巨头。

后来，法兰克·比吉尔向世人公开了自己成功的秘诀。原来，当年他在自己的工作日志中发现了这样一组奇特的数据，从而改变了他对工作的认识：在他一年所卖的保险业绩中，有70%是第一次见面成交的，第二次见面成交的有23%，而只有7%是在第三次见面以后才成交的。而实际上他一半以上的工作时间都花费在了那7%的业务上。

于是，他采取了果断放弃那7%的利益、不再受它诱惑的新推销策略。这样，他就可以腾出大量时间用于新业务的拓展。于是，他便获得了成功。

将你人生的那7%果断放弃，有时候成功就这么简单！

第六章

面朝大海，春暖花开

不要总抱怨自己时运不济，也不要抱怨周围的环境是多么糟糕，你的心态决定着你遇到不如意时的态度。叔本华说："人们不受事物本身的影响，却受到对事物看法的影响。"生活对于任何人都是公平的，学会用心体验生活，感受精彩生活，保持乐观豁达的心境，你会发现生活中竟然有那么多美好的事物！

笑对闲言冷语

如果时时事事都要考虑别人的闲言碎语，那么你就永远不会有正常的生活。对于无意的闲言碎语，不要放在心上，就当没有发生过。而对于有意识找麻烦的闲言碎语，只当没听见，原来怎么活，现在还怎么活。对于极端恶毒的，就要以适当的方式给以反击或警告，但自己不能因为它而烦恼，也不能因为它而情绪失控。你不会为此受影响，制造闲言碎语的人，就再也不会白费力气了。

2010 年国庆节前后一则消息引发了轩然大波——刘翔存款超 2 亿元，如今月收入却连 2000 元都不到，今年商业收入更是可怜得得了鸭蛋。刘翔的 2 亿元存款成为热炒话题，背后缘由究竟为何？刘翔本人面对种种传闻是怎么看的？存款 2 亿元是真的吗？刘翔的回答是一串尴尬的笑。"哈，没这么少吧。谁这么有想象力？"刘翔曾表示自己对钱没啥概念，但他还是被这空穴来风的数字弄得哭笑不得。"这个东西嘛都是闲言碎语，笑笑就行了……"

媒体从教练孙海平处也得到了同样的回应，"刘翔所有的广告收入都属商业机密，各家公司绝不会轻易对外泄露"。有报道称，刘翔每个月只有 1062.48 元工资。孙海平称："上海现在的最低工资都已经是 1120 元了，刘翔的工资肯定不止 1000 元，要远远比这个数字高，毕竟我们国家这么重视体育。"而不属实的还有刘翔当年商场零战绩一说。就在之前一个月，刘翔还为赞助商拍摄了一系列平面广告呢。而在 2010 年年初，某网站也曾与刘翔签下了 3000 万元的合作协议。

刘翔选择了用微笑来面对外界对自己的猜疑，这是一种人生态度，一种健康而又豁达的人生观，我们应当学习。

你吃饭的时候，有没有一连打了好几个喷嚏，而且还感觉到自己的耳朵有点发烫，这时你心里可能在想有人在背后说你的闲话了！

其实，这应该不是你第一次碰到这种有趣的生理现象吧？因为偶然打个喷嚏，碰巧耳朵有点发烫，就断定有人在背后说闲话，好像没有什么科学根据。不过，在民间"打喷嚏，耳发烫，说闲话"的传说确实有。

也许你不会在意别人在背后说了什么，在什么地方是什么人说的。道理很简单，自己做了什么事，起码自己是清楚的。自己有嘴巴，别人也有嘴巴，自己是管不了别人嘴巴的，你管不了别人在茶余饭后一时兴起就拿人拿事儿"说闲话"。

这真是有意思的现象，人活着不就是追求有意思的东西吗！有两点是可以肯定的：说人是非者必是是非之人，被人议论者肯定是个比较有议论价值的人。想一下，如果一个人在别人眼里连存在的价值都没有，那别人的嘴也用不着去上下翻动！

但是，经常反省一下自己也是一个正常人应当做的，是不是在待人处世方面有不周或过分的地方？自己被人在背后说闲话肯定是有原因的，这就叫作"无风不起浪"嘛！或许是自己太优秀了引起别人嫉妒，或者是自己在某些方面有点行为失常，别人看不过去，当然就会说闲话了。

所以，给自己定一个规矩吧，每天都要反省自己的言行。如果听到别人说得对的闲话，那就有错就改；如果你自己真的没错，别人在背后说什么也就无所谓了，反正自己又听不见，何况传话的人也有他自己的意图。你是不能左右这种一传二、二传四的"广告效应"的，更不能用极端的手段去封堵别人的嘴巴。

在我们所接触的人当中，有喜欢自己的人肯定就有讨厌自己的人，这和自己既有喜欢的人也有讨厌的人是一样的！对自己、对别人，如果连一点点想法或看法甚至是议论都没有，那就很不正常了。

　　和别人保持一定的距离，千万别人云亦云，最好是不跟人，即使那人是自己的朋友，一起说别人的坏话。不然，自己就有可能成为传人闲话的主角。当有人在自己面前说闲话的时候，左耳朵进右耳朵出是最好的处理方式，不讨论、不表态，一笑置之为上策。背后闲话要不得，更不应添油加醋。

　　经营人生的必修课就是笑对闲言冷语！

抬起你的头

在一个贸易洽谈会上，会务组的工作人员把一个中年人和一个小伙子送进了他们的住房——该市一家高级酒店的 38 楼。俯瞰下面觉得头有点儿眩晕的小伙子便抬起头来望着蓝天，站在他身边的中年人关切地问："你有点恐高症，是不是？"

"是有点，可我并不害怕。"小伙子回答说。接着他聊起了小时候的一桩事："我是山里来的娃子，那里很穷，每到雨季，山洪暴发，一泻而下的洪水把我们放学回家必经的小石桥都给淹了，老师就一个个送我们回家。当走到桥上时，水已没过脚踝，湍流在下面咆哮着，看着心慌，大家不敢挪步。这时老师说，你们手扶着栏杆，把头抬起来看着天往前走。这招还真有效，心里没有了先前的恐惧，从此我也把老师这个办法记住了，在我遇到险境时，只要昂起头，不肯屈服，一切都会过去。"

中年人笑了笑，问小伙子："你看我像是寻过死的人吗？"小伙子看着面前这位刚毅果决、令他尊敬的副总裁，一脸的惊异。中年人自顾自地说了下去："原来我是个坐机关的，后来离职做生意，不知是运气不好还是不谙商海的水性，砸了几笔生意，欠了一屁股债，债主天天上门，6万多元啊，这在那时可是好大一笔钱，这辈子怎能还得起？我便想到了死，于是选择了深山里的悬崖。我正要跨出那一步的时候，耳边突然传来山歌，我转过身子，远远看到一个采药的老者，他注视着我，我想他是以这种善意的方式来打断我轻生的念头。我在边上找了片草地坐着，直到老者离去后，我再走到悬崖边，只见下面是一片黝黑的林涛，这时我倒有点害怕了，退后两步，抬头看着天空，大脑里闪过了希望的亮光，我重新选择了生。回到城市后，我从打工仔做起，一步步走到了现在。"

其实，和他们两位一样，我们每个人的一生中随时都会碰上湍流与险境，如果我们低下头来，看到的只会是险恶与绝望，在眩晕之中丧失生命的斗志，使自己坠入地狱。而我们若能抬起头，看到的则是一片高远的天空，那个天地充满了希望并可以让我们飞翔，那是一个属于我们自己的天堂。

人生总有挫折，天空总有阴晴，生活总有不幸，面对种种风雨，我们应该怎么做？

抬起头，你看见的天空会更美。

有个毕业于清华大学建筑学院的女孩顺利拿到了美国哈佛大学研究生院的录取通知书。可是，没想到一切都准备好了，却在美国大使馆签证时连续两次被拒。女孩很伤心，在宿舍里躲着哭泣起来。

劝慰她的一个同学与她要好，说为什么不找个咨询公司帮忙，挺灵的。听说有个师姐，四年前被三次拒签，四年后再去签时还是没有过，后来找了一家咨询公司，在那里泡了半个月，很顺利地过签了。

有些动心的女孩找了一家叫作"信心"的咨询公司。公司只有三个人，老板加两个助手。老板看了一遍女孩拿来的签证材料说，你的材料没问题，又让女孩详细介绍了两次被拒绝的经过。女孩细声细语地讲着，眼睛低垂，头也低着，不敢与老板对视，老板听着听着便打断女孩："不要说了，这就是你的毛病。"

原来，性格内向的女孩不善与生人交往，一说话就脸红，还总爱低眼垂眉的，给人一种没有自信的感觉。老板很有经验地对女孩说："你在我们公司训练的内容主要就是抬起头来、眼睛平视、大声说话三项。"于是，在两个星期里，那两个助手什么都没干，就是想方设法让女孩养成抬起头来与人平视的习惯，并训练她大声说话。

第三次申请签证时，半是习惯，半是刻意，女孩始终高昂着头，眼睛直盯着那个签证官，侃侃而谈、应对如流、从容不迫。那个签证官狐疑地看着前两次的拒签记录，嘴里嘟嘟囔囔地说，"不自信，吞吞吐吐，不敢抬头"，好像说的完全不是这个女孩儿，最后，他微微一笑："你很优秀，看不出有拒绝你的理由，美国欢迎你。"整个过程5分钟不到。

有一种精神叫作抬起头，它可以让我们的力量更加强大。一个人要有自己的精神，只有这样才能够战胜困难。一支军队要有自己的精神，才可能永远胜利。一个国家要有自己的精神，才可能立于世界。

有一种自信叫作抬起头，它可以让我们的道路更加宽广。一个运动员要有自信才可能勇夺冠军，一个商人要有自信才可能打败对手。一个人只有拥有自信，才可能战胜挫折。

我们的人生会因抬起头而更加美丽。

当我们遇到危险时，如果还能抬头观花开花落，那我们还会怕什么危险？

当灾难降临时，如果我们还能抬头望云卷云舒，那我们还有什么灾难不能直面？

在人生之路上，任何时候抬起头看见到的天一定都很美。

不要总是愁眉苦脸

不要每天都愁眉苦脸地瞎想，要一门心思做好每一件事情，人生道路各不相同，有人鲜衣怒马，有人衣衫褴褛，有人为国为民，有人祸国殃民，有人游戏人生，有人却用"折磨"来形容人生。

可是一天高兴也是过，不高兴也是过，何必生活得不快乐呢？所以不必总是感叹什么人生苦、人生累。穷人富人都是人，奸臣忠臣亦伴君。人生在世不是为了唉声叹气，每个人都是强者，何必那么自卑？敞开胸怀，享受生活的美好，为生活而生活该有多好？人就这一辈子，整天愁来愁去的不也得过日子吗？应当笑着活下去。

有些人愤恨人生的不公，或许他们应当想一想，为什么一样的人，命运单单对他们不公呢？何不把不公看成一种"天降大任于是人"的磨炼呢？人存平等心、行方便事，则天下无事；怀慈悲心、做慈悲事，则心中太平。不公、苦、愁、喜、悲，这不正是人生的精彩之处吗？如果人生成了方程式，那还叫什么人生？所以，大家是不是应该享受人生带给我们的丰富多彩呢？别总往坏处想嘛，开心才重要，每个人在生活中都要活得精彩！

如果你想走出阴霾、放松心情，以积极的心态开始每一天，那就很有必要问问自己这些问题，你会因此而有力量和好心情。

1. 我拥有什么？

通常人们都会为自己没有的东西而苦恼，却看不到自己所拥有的，如健康、可以听、可以看、可以爱与被爱、每天都可以享用食物等。正如那句口口相传的话所说："失去了才知道珍贵。"让自己走出哀怨，这样就能看到什么是你所拥有的了。

2. 我应该为什么感到自豪？

为你已经取得的成绩自豪。成绩不分大小，每一次成功都意味着向前迈出了一步。你可以为刚刚战胜的一个挑战而感到骄傲，也可以为帮助了一个陌生人而感到幸福；可以为帮助了一个朋友而露出微笑，也可以因为结识了新朋友或读了一本新书而感到高兴。

3. 我应对什么心存感激？

每天可以为之心存感激的事情有很多，同时也有很多人值得我们感谢，因为他们在无形中教会了我们一些事情。对于我们来说，生活的每一天都是一份珍贵的礼物。

4. 我怎样才能充满活力？

每天都要计划好做一些积极的事情，让自己始终充满活力。例如，可以给那些一直以来你都很欣赏却很久未联系的人打电话，鼓励一下工作伙伴，保持微笑，或者留出和孩子玩耍的时间。

5. 我今天能解决什么问题？

今天要设法解决掉那些原本想留到明天才解决的问题，尽量在当天完成手边的工作，要敢于面对那些棘手的问题，换一种角度看待它们。

6. 我能抛下过去的包袱吗？

那些常年累积起来的伤心的经历与怨气就是"过去的包袱"。背着这些沉重的生活包袱有什么用呢？建议你对过去做一个总结，把值得借鉴的经验保存起来，然后将重负永远地卸下。

7. 我怎样看待问题？

做出建议的往往都是别人，而不是自己。很多时候，根本问题就是我们看待事物的方式。为一件事苦恼不堪，过后又觉得可笑的情况很多人都经历过，只是我们看问题的角度不同，所以才有了悲和喜。

8. 我怎样过好今天？

做些与往常不一样的事情。如果我们走出常规，学会享受生活，那么生活就是丰富多彩的。我们要敢于创造和创新。

9. 今天我要拥抱谁？

我们的精神食粮就是拥抱。曾经有一位心理学家说过，要想健康，每天至少要拥抱 8 次。身体接触是人最为基本的需求，我们的大脑甚至都可以由它帮助开发。

10. 我现在就能开始行动吗？

无论有多少想法，不付诸行动就毫无意义。所以马上行动起来，越早越好。

不要认为这些建议"听起来不错"，也不要认为生活很难是这样的。其实，每天的生活都不是你想象的那样。只有你自己能决定让生活过得索然无味还是积极向上。努力幸福地生活，你又有什么可失去的呢？

所以啊，不要总是愁眉苦脸，开心起来吧。

知足一点挺好

有一则寓言是这样说的：猪说假如让我再活一次，我要做一头牛，工作虽然累点，但名声好、让人爱怜；牛说假如让我再活一次，我要做一头吃了睡、睡了吃的猪，不出力、不流汗，活得赛神仙。鹰说假如让我再活一次，我要做一只渴有水、饿有米的鸡，住有房，还受人保护；鸡说假如让我再活一次，我要做一只鹰，可以翱翔天空、云游四海，对兔和鸡任意捕杀。

这种现象挺有意思，可谓风景在别处。总是在羡慕别人，这大概是人的一种共同天性，只是程度不同而已。

大人的成熟稳重受小孩子仰慕，大人也会顾念小孩子的清纯率直；女孩子向往男孩子的坚强豪放，男孩子也会偷偷艳羡女孩子的娇嗔灵动；名人的卓越尊显往往被普通人羡慕，而名人又何尝不垂涎普通人的平凡自适……你可能也曾羡慕过别人，为什么别人可以过无忧无虑的生活？你也许总想有一番属于自己的事业和天地，可是静下来的时候会发现自己也拥有别人未曾拥有过的一切。

有些人常常抱怨自己生不逢时、怀才不遇，并感叹上苍的不公，名利与自己无份，富贵与自己无缘，却对自己拥有的视而不见。其实，一个人能够来到这个世界就是一种福气。无论你是谁，身在何处，在羡慕着你的或熟悉或陌生的人一定有许多。试想一下，我们在羡慕别人的时候，也是别人眼中的风景，我们是不是就会心平气和一些，有一些心满意足了？

你可曾想过，羡慕别人所得到的，不如珍惜自己所拥有的，哪怕是失败的经历、肤浅的想法、无奈的伤感，甚至是悲痛的追悔、悄无声息的平凡。当你蓦然回首时，这一切都会变成永久的、美好真挚的、深切感人的人生积淀和生命印迹。

你知道吗？羡慕是一个十字路口，向左通向欣赏，向右通向妒忌。乘着羡慕的快车驶向欣赏的站台是福分，乘着羡慕的快车驶向妒忌的站台是灾难。你的品质会因为积极而有分寸的羡慕而提升，因为消极而无节制的羡慕而堕落。

没人说羡慕别人是错的，但不要轻视自己、迷失自我。做人要懂得知足常乐，现在所拥有的一切要懂得珍惜！

如果你能够领悟放下的道理，那么你将会有一种如释重负的感觉。因为只有懂得放下，才能掌握当下。更何况，人生在世，如果不能放下一些不是很必要的东西，你真正需要的东西在人生的行囊中将很快就没有了搁置的空间。

孙子说："兵无常势，水无常形。"天地之间一成不变的事情是没有的，万事万物随时而变、随地而变。三十年河东，三十年河西，运转轮回，好运也不可能长期伴随着你，倘若你能够放下心中的妄念，从容理性、胸怀宽广、心平气和，该退则退、该让则让、以变应变，那么你完全可以以退为进、以守为攻，一旦时机成熟，你即可用胜利取代失败。

山不转水转，有些时候处世糊涂、主动吃亏，也许以后还有合作的机会。若一个人处处不肯吃亏，处处必想占便宜，那妄想日生，难免会因骄狂而侵害别人的利益，时间一久，便会起纷争，最后可能会一败涂地。

人不能一味地抱着索取的态度，如果每个人都希望从别人那里得到什么，但从不想着去付出，那就永远快乐不起来。给予才是幸福。多数情况下，付出的同时我们亦得到了快乐。不要将别人的回报计算在自己的行动中，这样才能更快乐，这样自己想得到的一切才能得到。

　　人若善于看清自己，就会懂得自己只是芸芸众生中的一分子，不会自高自大、自命不凡；人若善于看清自己，就会懂得只有努力奋斗、开拓进取才能一步一个脚印地攀登人生的高峰。善于看清自己的人，为人谦虚、厚道，容易取得别人的信任与敬重，也容易取得成功。

　　如果他人需要的事物你肯帮助其获得，那么你也会因此而得到想要的东西。你帮助的人越多，你得到的也越多。如果你对此深信不疑，那这个信念将给你的一生带来巨大的幸福。所以，知足一点挺好，顺便帮助他人会更好。

你并不比他人差

在拉斐尔工作室的一尊精巧塑像下，米开朗基罗写下了这样一句话："做一个更了不起的人。"正是他这不输于人、不比人差的雄心壮志使他的人生与普通人不一样，开出了美丽的艺术之花，令后人仰慕。这种志向促使他去完成目标、实现梦想，帮助他抵御那些在实现梦想途中出现的艰难困苦。

有个很想有所成就的年轻人，经过多次尝试，始终没有成功，他渐渐失去了信心。后来有一次，他去拜访了一位成功的长者，痛苦地问："为什么别人努力的结果总会成功，而我的努力却都没有什么收获呢？"

微笑着的长者没有回答，反问了他一个无关的问题："如果我送你'芳香'两个字，你首先想到的会是什么？"

年轻人很不解地回答说："我会想到糕点，虽然前不久我刚开的糕点店已经关门了，但是我仍会想起烘焙间那些芳香四溢的糕点。"

长者点了点头，带他拜访了一位动物学家朋友。见面后，长者向对方问了相同的问题。

动物学家回答道："在自然界有不少奇怪的动物，利用身体散发出来的芳香做诱饵捕捉食物，这两个字首先使我想到了眼下正在研究的课题。"

之后，长者带着他去拜访一位画家朋友，也问了对方这个问题。

画家回答道："这两个字使我们想到了百花争艳的野外和翩翩起舞的少女。芳香，能够给我带来创作的灵感。"

长者的用意年轻人始终不明白，但贸然开口询问也不太礼貌。

在回来的时候，长者又顺便带他拜访了一位久居海外、刚刚回国探亲的富商。谈话中，长者也问了对方这个问题。

富商动情地说："这两个字使我联想起了故乡的土地，故乡令我魂牵梦绕的泥土的芳香。"

与富商辞别之后，长者问年轻人："现在，你已经见过不少出色的人物了。那么，你们对'芳香'的认识相同吗？"

年轻人摇了摇头。

长者继续问："那对'芳香'他们又有相同的认识吗？"

年轻人又摇了摇头。

长者笑了，意味深长地说："其实在生活中，每个人的芳香都是与众不同的，你也一样。为什么你现在做得不像别人那么出色呢？那是因为你只是在看别人如何欣赏他们的芳香，而忽视了自己拥有的芳香。"

一朵小花就算再不起眼，也有它的芳香、它的美丽、它的不可取代，所以，不要跟别人比，不要盲目地羡慕别人拥有的东西，应学会正视自己、珍惜自己、欣赏自己身上的芳香。

在现实生活中有些人总是会羡慕别人，憧憬别人的财富与成功。他们总是试图表现出自身并不具备的品质，最终搞得自己身心俱疲。其实你就是你，不是别人；你不需要成为别人，也不可能成为别人。芳香每个人都有，只要做好自己就已经足够了。无论你想在哪一个领域中取得成功和自由，都必须保持自己的特色，培养出自己的风格。

如果想成为一个有价值的人，一个可以取得成功和享受自由的强者，你就要展现出自己特有的东西，就要发掘出自己的特殊性。当今社会竞争激烈，不展示自己的独特性连生存都很困难，就更别奢谈发展与成功了。

因此，就算世事再纷繁复杂，你也要好好把握自己，不要忽视自身的芳香，更别小看了自己，因为每个人都有适合自己的路。走在适合自己的道路上，才是有意义的人生。在决定成败、决定前途和命运的关键时刻，务必要像雄狮和苍鹰那样独立，你的人生才能焕发出别样的美丽。

世界上的每个人都是独一无二、无可取代的，没有谁比谁差，这你要相信。而人具有的这种与众不同的特性，既可以在一个人的生理素质和心理素质上加以表现，也可以表现在一个人的社会阅历和人际关系上。如果忽视或抹杀自己的特性，是永远不可能获得真正的成功和自由的。

但这样的人在我们的生活中还是可以见到：他们一生都做着一些庸庸碌碌的小事，然后一边羡慕别人，一边就满足了。其实他们完全有能力做一些更伟大的事，但他们觉得伟大的事情并不属于自己，应该属于那些比自己厉害的人，他们拥有的是卑怯而胆小的心。

很多人没有足够的进取心去开创更好的事业，是因为他们总是对自己的期望值很低，从未想过自己可以干一番伟大的事业，他们确立宏大目标的进取心被眼前短浅的生活目标给限制住了。

假如人类没有创造世界和改进自身条件的意识与进取心，世界将会处在多么混沌的状态！

没有什么东西比为了实现雄心壮志而进行的持续努力更能坚定我们的意志！它引导着我们的思想进入更高的境界，把我们的生命带入更加美好的阶段！

歌德说："人的一生中最重要的就是要树立远大的目标，并且以足够的才能和坚强的忍耐力来实现它。"

比追寻生命价值更高尚的理想还有什么呢？在雄心壮志的激励下，失败又算得了什么呢？人在一生当中，总会遇到各种困难与挫折，在这种情况下，"要相信我能行，我不比任何成功的人差"！

每个人都渴望获得成功，但是在成功之路上总会充满荆棘，假若你放弃，那么你将永远不会成功。不断地坚持，时刻鼓励自己"别人做到的我也可以"，那么总有一天你会获得成功。

卡耐基说过："要想成功，必须具备的条件是：用强烈的欲望激发自己，用坚强的毅力磨炼自己，并相信自己一定会成功。"永远都要相信自己——这不是简单说说而已。假若你真的做到了，那么你离成功已经很近了。

假如你有足够大的追求成功的动力，那么与之相匹配的能力也会随之而至。假如面前激励着你的是一个十分有吸引力的目标，那么你一定可以变得更加敏捷，更具有创见，更加细致而勤奋，更加机智而思虑周全，而且会有更加稳健清晰的头脑，也一定会获得更好的判断力和预见力。

无论你拥有怎样的雄心壮志，都请你集中精力为之努力，而不要左顾右盼、意志不坚。不要给自己留退路，应一心一意为了理想而奋斗。只有集中精力才能获得自己想要的成功。

不要只是一味地关注别人，一心想要成为别人。纵观历史，不知道有多少天赋非凡的人因为将目光放到他人身上，觉得别人才是最优秀的而逐渐遗失了自己的才华，最终一事无成，沦为追随他人的牺牲品。尼采也曾说过："聪明的人只要能认识自己，便什么也不会失去。"一个正确认识自己、懂得欣赏自己的人，才能充满自信。要相信自己，自己并不卑微，并不比别人差，要勇于向他人证明自己的能力。

记住好的，忘记不好的

人生就像五味瓶，充满着酸甜苦辣。大部分人都会一直记得别人曾经给予过的帮助，所以虽然世上有忘恩负义的人，但更多的还是知恩图报的君子。但是，大部分人总能更久地记住别人对自己的诬陷、诽谤和中伤，并因此而耿耿于怀、郁郁难安，甚至是有仇必报，最终冤冤相报，永无宁日。不同的人在面对人生中的不公时也有着不同的精神境界。

宋代著名文学家苏轼是一个豁达乐观、百折不挠、幽默诙谐的人。他曾说过："吾上可陪玉皇大帝，下可陪卑田院乞儿，眼前见天下无一个不好人。"章惇和苏东坡年纪差不多，年轻时曾经是苏东坡的好朋友，后来因为推进改革而失去了皇上的宠信。绍圣元年（1094），宋哲宗又起用章惇为宰相。想到自己曾经受到过反对派的攻击和贬谪，章惇在复行新法的同时也展开了对反对派的疯狂报复。

苏东坡曾经也对变法持明确的反对态度，章惇把他也归到了反对派的一边，毫不留情地打击他。于是，苏东坡被贬至惠州（今广东惠州市）担任宁远军节度副使。苏东坡很快习惯了贬谪的生活，他自己开垦荒地种上粮食、手抄《金刚经》、研究怎样烹饪……他不管在多么差的条件下都能够怡然自乐。

苏东坡在这里灵感源源不断，写出了很多好诗。有一首诗这样写道："为报诗人春睡足，道人轻打五更钟。"章惇见苏东坡遭贬谪的日子也如此洒脱，很不是滋味，又把61岁的苏东坡贬到了偏远的昌化军（今海南昌江黎族自治县一带）。可是事情在元符元年（1098）却出现了转机，宋哲宗早逝，宋朝的第八代皇帝宋徽宗继位，宋徽宗并不支持变法，章惇被贬到了岭南雷州（今广东雷州市），人生陷入了低谷。

后来苏东坡担任礼部主考官，章惇的儿子章援考中了进士，算是苏东坡门生。当章援去雷州半岛探望贬居的父亲时，想绕道拜见苏东坡，又担心老师记父亲的仇，心里忐忑不安，就给苏东坡写了一封长信表达歉意，希望老师能不再记恨自己的父亲。

苏东坡很快便给他回了信："某与丞相（章惇）定交四十余年，虽中间出处稍异，交情固无增损也。闻其高年寄迹海隅，此怀可知。但以往者更说何益？惟论其未然者而已……"没有一点怨愤和仇恨。苏东坡认为与章惇四十年交情"固无增损"，而且一直记得章惇真诚地规劝过自己。苏东坡一直都把"记住别人的好，忘记别人的不好"作为自己的做人原则。

人有高峰有低谷，即便是英勇神武如关公也曾败走麦城。好汉不提当年勇，过去的痛苦就更不值得让自己一脸苦大仇深。为你的心灵减减负，不要再去计较鸡毛蒜皮的小事，也不要总想着过去的琐碎。

总是记着别人的不好，自己其实是最大的受害者。既往不咎的人，才是快乐轻松的人。人生需要拿得起，更需要放得下。这长途跋涉的一生，丰富的阅历无形中也会带给你更大的压力，所以要学会忘记过去，让自己轻松地生活。

"牢记别人的好，忘记别人的不好。"这句话虽然朴实，但对人的一生却有着很大帮助。谁能真正做到，谁就能感受到人生的轻松自在。"云散月明谁点缀，天容海色本澄清……"苏东坡诗句里的乐观豁达总能让人内心通明、神清气爽。

忘记过去能让你的内心始终平静如水，它需要你坦然真诚地面对生活。有些人能够忘记失意时的尴尬和窘迫，却对顺境时的得意津津乐道，岂不知成功和失败一样会留在过去。总是沉湎过去不能释怀，总是想着自己的昔日光辉，欺骗自己、麻醉自己，还沾沾自喜，完全忘记过去的成功已经是过去式，这是不对的。最重要的是把握现在，努力创造下一个成功。但是总想着自己过去的失败和痛苦也是不对的，印度诗人泰戈尔说过："如果你为失去太阳而哭泣，你也将失去浩瀚的繁星。"为鸡毛蒜皮斤斤计较，为陈芝麻烂谷子耿耿于怀，只怕心灵之船不堪重负，记忆之舟承载不下，会让痛苦的过去牵制住未来。正如智者教导我们的：生气是拿别人的错误来惩罚自己。忘记过去伤痛的人，总是会幸福开心；而总记着别人不好的人，往往会让自己受更大的伤。

但是，忘记也是有选择的，有些特别的人和事在你的一生中是无法忘怀也不该忘怀的。

阿拉伯著名的作家阿里有一次和吉伯、马沙两位朋友一起旅行。三人在经过一处山谷时，马沙不小心滑落，幸亏被吉伯拼命拉住，才捡回了一条命。马沙于是在附近找到一块大石头，用力刻下："某年某月某日，吉伯救了马沙一命。"

三人继续往前走，走到了一条大河边，吉伯跟马沙为一件小事吵起来，争吵中马沙被吉伯盛怒之下打了一记耳光。马沙跑到沙滩上写下："某年某月某日，吉伯打了马沙一耳光。"潮涨潮落，这句话很快便被冲走不见了。而当他们旅游回来后，阿里好奇地问马沙，为什么要把吉伯救他的事刻在石头上而将吉伯打他的事写在沙上？马沙说："吉伯救了我一命，我非常感谢他，并且永远都不会忘记。后来他虽然打了我，但朋友间有争执也很正常，他当时只是气昏了头，所以我把它写在沙滩上，让海浪冲走这件事，也冲走我对这件事的记忆。"

这个故事告诉我们，牢记别人对你的帮助、忘记别人对你的不好，做人才会开心，人生的境界和格局也能提高一层。

有这样一首诗流传久远：春有百花秋有月，夏有凉风冬有雪。若无闲事挂心头，便是人间好时节。记住一些人一些事、忘记一些人一些事，记住好的、忘记不好的，让自己的心胸更宽广，让自己的性格更洒脱，让自己的人生更幸福美满。

第七章

撞了南墙要拐弯

　　一件事情本身并没有好坏之分，你对这件事的态度决定了这件事是好是坏。很多时候，我们之所以感到生活枯燥乏味，是因为我们的心态是枯燥乏味的。要想让生活变得有滋有味，就要先改变自己的心态——让心态从消极到积极。如果你有一颗像万花筒一样的心，那么你的人生也会色彩斑斓。

求人不如求己

曾经有一个信佛的人不幸遇到了困难，他就去寺庙虔诚地求拜观音。走进寺庙时，里面已经有一个人在跪拜观音了。这个人仔细一看，发现他长得和观音非常相像，就问道："难道你是观音？"

"是的。"

"那你为什么还要拜自己呢？"

观音告诉他："因为我也遇到了难事，但我知道求人不如求己。"

这个故事形象地说明了求人不如求己的道理，但是你不能把求人不如求己理解为万事不求人。这个世界早已成为"地球村"，你不可能单靠自己生活下去。如果一个人脱离了社会，那么他将难以生存，更不可能做出什么事业来。求人是绝对的，不求人是相对的。

独立是一种好的品质，但求人也是一种能力，合作更是一种智慧。求人是有原则的，自己能做到的事就不要去麻烦别人，你希望对方做的事如果是对方不喜欢做的，那就不要勉强。还有，遇到事情一定要先努力自己解决，实在没有办法的时候再去求人帮忙。所以，求人不如求己其实是一种自立、自强，依靠自己把握命运的人生态度。

这个世界上虽然有很多人可以帮你，但最终起关键作用的还是你自己。如果你自己都不努力，那么别人就算想帮你也帮不了。

靠人人会跑，靠山山会倒。这个世界有什么能让你永远依靠吗？没有。依靠别人的施舍过日子，依附别人的余荫生活，只能保证暂时的生存，当有一天树倒猢狲散、片瓦无存，你又将何去何从呢？

有一种叫茑的植物，它的身体又细又软，但是它自己没有挺立长高的能力，只能沿着其他高大的植物往上爬。慢慢地，茑的枝叶茂盛起来，还结了不少红黑的果实。一天，一个过路人见了茑，摘了一个果实吃。"真甜啊！长得也漂亮！"他夸茑说。茑不禁得意扬扬起来。

后来有一个木匠上山砍树。他看到那棵缠满了茑的大树，感觉它是做房梁的绝佳材料，于是，拿出了随身带的斧头开始砍起树来。茑很害怕木匠把自己也一起砍断了，它想赶快离开大树，可是它平时缠得太紧了，现在一时之间根本就无法分开。最后茑还是随着大树的倒下而折断了。

如果茑是自己挺立生长而不是依附大树，就不会有如今刀劈斧砍的灾难。

其实，我们每个人身上都蕴藏着巨大的能量，只是缺少发现、缺少挖掘而已。因为缺乏自信、缺少努力，所以才把希望过多地寄托在别人身上、寄托在外力上，可别人帮得了你一时，还能帮你一世吗？所以我们要努力，能够为自己遮风挡雨。

自信才能自立，自尊才能自强。

想要获得幸福生活，求神拜佛是没有用的，救世主只有一个，那就是自己。每个人的一生都是一部独特的历史，怎么书写全靠自己。每个人都要把握好自己的人生，把命运掌握在自己手中，做自己的上帝。每个人都很重要，但对于你来说，最重要的还是你自己。凭借自己艰苦卓绝的努力，完全可以打拼出一番天地。自己种植的果实最香、自己酿造的花蜜最甜，即使命运让你成为一棵小草，你也应该用顽强的生命力深深地扎根，吸取大自然的阳光雨露，快乐地成长。

总想着不劳而获而不愿意自己努力的人，是不会有多大成就的。

求人的话不要轻易说出口。自己能做的事尽量不麻烦别人，自己能克服的困难尽量自己解决。只有这样，朋友才会越来越多。人生没有过不去的坎儿，也没有克服不了的困难。走不过去就飞过去，直行过不去就绕个圈过去。有一则小故事说：老和尚问小沙弥，如果进一步则死、退一步则亡，你会怎么办？小沙弥毫不犹豫地回答说：我向旁边去。但是有另外一种人，分不清事大事小，也不管自己是不是能做，不去想别人是否愿意帮忙，就去找人帮忙。对于别人的拒绝也好像无动于衷，没有一丁点自尊。长此以往，就没有人愿意再跟其打交道了。

放下该放的

有一个人非常苦恼，他便向智者请教：我放不下一些事、放不下一些人，该怎么办？

智者说：没有什么东西是放不下的。

苦恼者说：可我偏偏就是放不下，我该怎么办呢？

智者递给他一个茶杯，开始往里面倒热水，倒得水都溢出来了。苦恼者被烫得"啊"一声松开了手。智者说道：这个世界上没有什么事是放不下的，痛了，你自然就会放下。

我们有了功名，就对功名放不下；有了金钱，就对金钱放不下；有了爱情，就对爱情放不下；有了事业，就对事业放不下。

总之，没有让自己痛到撒手就不愿意放下。可放下有时只在一瞬间。只要意识到生命和爱的珍贵，其他的自然而然就放下了。

有一群欧洲人随团去非洲旅行，在一个叫亚米亚尼的原始部落看到有位老者穿着白袍盘着腿安静地在一棵菩提树下做草编。草编非常精致，一位法国商人不由自主地被吸引了。他想：如果这些草编被运到法国，巴黎的女人戴着这种草编的小圆帽、挎着这种草编的花篮，它们一定会变得时尚迷人大卖热卖的！想到这里，商人激动地问："这些草编多少钱一件？"

"10比索。"老者微笑着回答道。

天哪！我要发大财了。商人欣喜若狂。

"假如我买10万顶草帽和10万个花篮，你每一件能优惠多少？"

"那样的话，就得要20比索一件。"

"什么？"商人简直不敢相信自己的耳朵！他大叫着问，"为什么？"

"为什么？"老者生气地说道，"做10万件一模一样的草帽和10万个一模一样的花篮，我会无聊死的。"

老人的世界商人不懂，因为在追逐财富的过程中许多人忘了生命里有许多东西是应该被放弃的。有舍才有得，你只有放下一些东西，才有空间去得到另外一些东西。

人往高处走，水往低处流，这是本能。它自然有积极的意义，它是个人进取、社会进步的一种心理驱动力。但是期望值要合理，一味不切实际地以过高的期望值来对待人生，只会使人每天都在郁闷愁怨的心理困境中消磨掉宝贵时光，终生不能享受到生活的快乐和幸福。社会心理学中有一个论点：在超过正常范围后，期望值的增高会使心理上的情绪冲突更大。

人类的痛苦，在于内心不合理的欲望。每天背负着超负荷的欲望和想法的人，会感觉活着很累。一如我们买了个新房，然后为了填满这个新房而疯狂地购买东西。等到多年以后，这个房间都被你堆得像一个小胡同了，狭小的空间让你感到压抑，你决定清理一些东西扔出去，可结果呢，扔这个时，觉得太有纪念意义了，留下；扔那个时，觉得扔了以后就没有了，还是留下吧。最后你什么都没有扔，还是整天窝在这个狭小的空间里，每天压抑地过活。但是如果有一天，你的房间漏雨，把东西都打湿了，或者你没有下脚的地方了，你扔东西的勇气和决心就会大大高于之前了。等这些杂物真的烫痛了你，你就敢下手清理了。

生活中一定要及时清空自己。秒表只有不断地清零，才能更好地测定你奔跑的速度。面对未来，人如果不及时清零，你背负得太多只会让自己越走越慢越走越累，最后迷失自我。

托·富勒曾经说过："记忆就像是一只钱包，装得太多就会合不上，里面的东西还会掉出来。"过去的事情可以不忘记，但一定要放下。一旦放下，万般自在。生命注定要忘却一些东西，不应再追忆的便彻底摒弃，太多的留恋会成为一种羁绊。

　　人生之路错综复杂，我们努力追求着前方的理想光芒，却还是会走上迷途或者碰到绝壁，这时候，首先要学会舍弃，并及时校正自己的理想。因为有些理想之路也是歧途密布，而最适合你发展的路径或许才是你真正的下一个理想，也才是你真正的定位。人生之路上要懂得放弃，更要懂得转弯。

　　每个人的内心深处都会有一片难以触及的伤痛，安放着我们难以割舍的人或事。不到关键时刻，是绝对不肯舍弃的。但是，早些放下，就早些解脱。永远要记得，应放下该放下的。

欣赏自己

人活着，最重要的不是别人对你的看法，而是你对待自己的态度。因为很多时候，你没有必要看别人的脸色生活，这样只会给自己带来不必要的压力。

你就是自己世界的国王。明白了这一点，你会让烦恼走开；明白了这一点，你就会叫压抑远遁；明白了这一点，你就不必在意蜚短流长；明白了这一点，你才能从容面对一切。

大部分人都喜欢欣赏、羡慕别人，在望洋兴叹的感慨之中，有些人自惭形秽，有些人盲目地东施效颦，就是不知道发掘自己的优点。不管你长得美还是丑，活得伟大还是渺小，你都是世上独一无二的个体，都要欣赏自己！

但你不能把欣赏自己理解为孤芳自赏，欣赏自己其实指的是一个人不应该因为自己的默默无闻而烦恼自卑。春寒料峭中的冰凌花，它从来不像牡丹那样被人宠爱，而它仍旧义无反顾地迎着寒风倔强地开放着。从来至香至色，只愿清寒相伴。"人不知而不愠，不亦君子乎！"不卑不亢、落落大方，才是一个人应该有的风格。平凡是一种美，是一种永恒的美，只要活出自己的风采，就不必太在意细枝末节。用欣赏的眼光看自己，会发现自己越来越多的优点——

性格内向的人，更加凝重深刻；

宁折不弯的人，更加豪迈坚强；

饱经风霜的人，更有耐性也更坦然；

历经失败的人，更有柔韧性和毅力。

走自己的路，做自己想做的事，就会拥有别人所没有的东西，就会活出自己的风格。

生命的时针不停转动，从出生到长大，从成长到老去，当有一天蓦然回首的时候，我们会惊喜地发现，自己走过的地方也是一片怡人的风景。

在漫漫人生路上，欣赏是一道绝美的风景，是无人不喜、无时不在的独特风景。学会欣赏，便懂得享受；学会欣赏，便拥有快乐；学会欣赏，就会拥抱幸福；学会欣赏，就能获得灿烂人生！

欣赏是一种很真实的享受，它与幸福相依相存。欣赏创造幸福，幸福需要懂得欣赏。无论何时何地，学会了欣赏，你便会收获快乐，收获温馨与友谊。善于欣赏自己的人，日子总是会过得有滋有味。欣赏是一种博大高雅的情怀。没有爱心的人，不懂得欣赏；缺少生活情趣的人，不知道欣赏。能够欣赏是一种幸福，不是人人都懂得这种幸福，也不是人人都能获得这种幸福。大千世界，芸芸众生，自以为是的比较多，懂得欣赏别人的却很少；自私自利的比较多，舍己为人的比较少。

欣赏需要学习的能力。每个人都有自己的优点，每个人都有自己的弱点。学会欣赏，就要时刻看到别人的优点，让别人的优点自觉地成为自己的优点，时间长了，你才会越来越优秀。你越优秀，就越懂得欣赏别人。

欣赏需要发自内心的赞赏。当你读到一首诗或看到一幅画，一首清新淡雅、情味隽永的小诗，一幅别有格调、神韵悠然的国画，你会很激动、很赞赏，这种欣赏发自内心。

欣赏需要独特自在地感悟内心，欣赏是一种情高趣雅的精神。懂得欣赏，你便会懂得生活的真谛。懂得欣赏的人，总能让生活多些诗情画意；懂得欣赏的人，总能比别人多几分迷人的风采。

懂得欣赏的人，总是自立自强，充满着奋斗精神。人生在世，区区百年，匆匆一生，只有了解生命的可贵、珍惜生命，才不算白白活过。

生命之路曲曲折折，我们为什么不去学习欣赏呢？为什么不学习对灾难更从容、对朋友更真诚、对未来和幸福更期待呢？真诚地欣赏别人，是一种人格修养的提升。欣赏让你领悟到人性的真善美，让你和朋友保持真挚的友谊。

不但要能欣赏成功时的激动，也要能欣赏失败时的泰然，学会欣赏、包容生活中的一切。有的人欣赏夏季的荷花、兰花、茉莉花，有的人欣赏深秋的菊花，有的人欣赏傲立冰雪的梅花，每种花都有属于自己的独特魅力，它们在不同的季节展示着自己不同的美丽，给人们带来不同的芬芳。学会欣赏大自然，欣赏生活的细节，欣赏身边的小美好，欣赏人与人心灵相通的愉悦，你才能有美好的生活。

试着欣赏自己，把自己画成一幅美丽的画。你可以让画面上长出绿草红花，你可以叫流水汩汩，你可以让山林幽幽，你可以让阳光温柔地照亮这一方天地。一个能在自己的精神世界自由行走的人，无论他是富有还是贫穷，他留给世界的永远都是洒脱自信的背影。

试着欣赏自己，把自己唱成一首悠扬的歌。这种歌声具有穿透力，能让你在春天感受鲜绿的生机，能让你在夏天体验火红的激情，能让你在秋天观赏金黄的美景，能让你在冬天触摸白雪的诗意……快乐的歌曲总是让人无法拒绝，让自己成为这样一首悠扬的歌，让世界因为你的存在而更加精彩和美丽吧。

试着欣赏自己，把自己书写成一首隽永的诗。怎么解读你，那是别人的事情：有人喜欢，那是因为他的心灵可以与你共鸣；有人厌恶，那也正常，那是因为他还缺乏品味你知识素养的能力……这首诗的字里行间都饱含着真诚与友善，这首诗让踽踽独行的人们心里多了许多温暖与安慰。

欣赏自己，和自负是不一样的。一个人如果不会欣赏自己，他是很难快乐生活的：他会失去自己自由奔放的个性，让自己小心翼翼地在意别人挑剔的眼光，过分在意自己一城一地的短暂得失，痛苦会如蛇舌一样不时舔舐他的心。大部分不会欣赏自己的人都会莫名其妙地贬低自己，一个不能认可自己的人，当然也不会获得他人的欣赏。

学会欣赏自己，能让你更加清晰地了解自己。虽说"旁观者清，当局者迷"，但只要静下心来想想，这世界上的每个人都在为自己的生活忙得焦头烂额，谁还有那么多精力"关注"你？

学会欣赏自己，能让你的心胸更加宽广。在这世界上，最能左右自己心境的人其实还是自己。人生一世，草木一秋。只有用平静的心面对一切，才能让每一个平淡的日子慢慢变得生动起来，才能头脑清醒地审视自己，才能真正做到名利于我如浮云，才能静下心来去做自己真正想做的事。

随缘自适，烦恼即去

很多事其实都不能太过强求，你太想得到它，最后反而会适得其反。

人生之路永远不可能一帆风顺、万事如意，你总会遇到困难和挫折，总会有悲伤及难过。当不顺心的事时常萦绕着我们的时候，我们该如何面对呢？"随缘自适，烦恼即去。"这里所说随缘其实禅意很深，对智者来说，这是进取的行动；对愚者来说，却是不愿努力的借口。何为随？随不是跟随，是顺其自然、不怨恨、不躁进、不过度、不强求；随不是随便，是把握机缘、不悲观、不刻板、不慌乱、不忘形。随是一种达观的精神和洒脱的气质，随让你更成熟地面对人生，更练达地面对人情世故。

缘到底是什么？万物的相遇、相随、相乐充满了各种未知的可能性。有可能即有缘，无可能即无缘。缘，无处不有，无时不在。你、我、他都处在缘的网络之中。俗话说："有缘千里来相会，无缘对面不相识。"万里之外，异国他乡，相逢何必曾相识，相逢一笑就是缘。也有的虽心仪已久，却相会无期。缘，有聚有散，有始有终。有人会因为缘分的散落而悲伤，反而不愿相聚："天下没有不散的筵席，早晚要散，不如不聚，免得分别时伤神难过。"其实缘本身就是一个过程，何必非求个结果呢？

从古至今，人们一直都希望能达到"有缘即住无缘去，一任清风送白云"的境界，也曾努力追求"人生有所求，求而得之，我之所喜；求而不得，我亦无忧"的境界。如果真的做到了，人生哪里还会有什么烦恼呢？苦乐随缘，得失随缘，只问耕耘，不问收获，你的人生境界也会越来越高。

但是现在，很多人都误把"随缘"当成无所作为、听天由命，甚至以此为理由逃避问题和困难。殊不知，随缘不是放弃追求，而是让人以豁达的心态去面对生活。随缘是一种智慧，它教会你在浮躁的大染缸里不随波逐流，保持平静的心和理性的大脑；随缘是一种修养，是饱经人世的沧桑，是阅尽人情的经验，是看透人生的顿悟。随缘不是让你失去原则，左右摇摆、马虎应付。一个"缘"字其实并不简单，它包含了很多条件，真正的随缘是随顺因缘而且符合真理及自然规律的。

人们在成长过程中总会有各种各样的迷茫："为什么有的人不喜欢我？""为什么有的人不理解我？""为什么会是这样？"如果你懂得随缘，你就会理解，喜欢和不喜欢其实不需要任何理由；有人理解你正常，有人不理解你也很正常。这些都是缘分，不必纠结原因，随缘就好。

这个世界有很多种缘，如喜缘、福缘、人缘、财缘、机缘、善缘、恶缘等等。万事随缘，随顺自然，这不只是禅者教会我们的智慧，也是让我们人生快乐的一个重要秘诀。随缘是一种平和的生存态度，也是一种生存的禅境。"宠辱不惊，闲看庭前花开花落；去留无意，漫随天外云卷云舒。"去掉了宠辱之心，去掉了去留之心，才能得到内心的真自在。吃饭时吃饭、睡觉时睡觉，不管做什么事，做之前都不会不切实际地幻想，做之后也不会念念不忘，老想着它，从容平淡、自然达观，随心、随情、随理，便识得有事随缘皆有禅味。若能放松身心，静心体悟，日久功深，你就会重新认识最本质最简单的你：生动的、清净的、单纯的你。奋斗和创造可能会让你取得成功，却无法让你得到"缘"，"缘"只能靠你习得的智慧和内心的领悟去得到，它可遇而不可求。

佛家关于缘也有很多种说法，如"随缘不变，不变随缘""随缘，莫攀缘"等。"随缘"不是敷衍应付、因循守旧，随缘是像水一样，从善如流、顺应时势；"不变"不是墨守成规、冥顽不化，而是要择善固守。随缘不变，不是让你没有原则、没有立场。随缘是让我们做人通情达理，做事懂得圆融变通，让事理相融。

让你随缘不变，并不是让你违背真理。庄子在妻子去世的时候"顺天安命，鼓盆而歌"，是因为他明白生死如春夏秋冬四季的变化运行，既不能改变，也不可抗拒；陆贾在《新语》中云："不违天时，不夺物性。"意思是说宇宙人生都是因缘和合，缘聚则成，缘灭则散，理解了这些，你才能在迁流变化的无常中安身立命，随遇而安。生活中记得要坚持不变的是大原则，可以随缘行道的是其中的小细节，这样你就能做到随心自在了。

随缘，是宽广的胸怀，是人格的成熟，是自信，是对自己人生的把握。读懂随缘的人，总能在风云变幻、艰难坎坷的生活中收放自如、游刃有余；总能在绝境中寻找到前行的方向，保持豁达愉悦的心情。随缘，是对现实正确、清醒的认识，是对人生彻悟之后的精神自由，是"聚散离合本是缘"的达观，是"得即高歌失即休"的超然，更是"一蓑烟雨任平生"的从容。愿你能够保持一颗随缘的心，不管是晴空万里还是风雨交加，不管是一帆风顺还是颠沛流离，不管是春风得意还是向隅而泣，都能够保持内心的安宁与淡然。

心动不如行动

每个人心中都有一个梦，你一定要坚持不懈地向这个梦想进军，付出实际行动。

因为只有行动了才有可能成功，只是心动、只是想，什么也改变不了。生活从不会记得你想过什么，你知道什么，你说过什么，生活只会记得你做过什么。一个人的目标是从梦想开始的，一个人的幸福是从心态上把握的，而一个人的成功则是在行动中实现的。你想成功就行动，成功会找到你；但如果你想成功不行动，失败就会找到你，而且会一直陪着你。行动就像食物和水，是你走向成功道路所必需的能量，而耐心和信心则让你的食物和水更可口，所以带着你的信心与耐心坚持行动吧，最终一定能够取得成功。

人生最痛苦的事不是我没有，而是我本可以。每一个希望取得成功的人都要谨记：目标朝上看是信仰，朝外看是抱负，朝内看是责任，朝下看就是行动。

种庄稼有句老话：不怕慢，就怕站。意思是不要无所作为，假如你现在已经不仅是心动，而且还决定去行动了，那么就请你记住，行动绝对不能"三天打鱼，两天晒网"，更不能一曝十寒。最差的马，只要坚持不懈，最终也能跑到终点；最慢的行者，只要他坚持不懈，也比漫无目的的人走得快。成功需要行动，意气风发只能带来短暂的激情，持续奋斗才能获得真正的成功。大部分成功者与失败者之间智力上并不存在多大差异，也没有什么学习能力的不同，失败者缺少的其实是坚韧不拔的毅力和坚持到底的行动力。

平凡中的坚持总是尤为宝贵，于细微之处见风范，于毫厘之间定乾坤。坚持就是要抓住今天，持续行动，直到成功。因为昨天是一张兑现了的支票，明天是一张期票，只有今天才是可用的现金。把握今天是最重要的，不要把前途放在过去或者未来，而要放在今天的行动上。坚持是自己要行动而不是别人要行动，你的成功不在别人的嘴里和眼神里，也不在与别人的比较里，你的成功在你自己一点一滴的行动里。

多做一点，就领先一点。

多进步一点，就早成功一点。

多创新一点，就多卓越一点。

在人生的考场上，每个人都要经历无数次测试，也难免会有考得不好的时候。有不少人承受不了暂时的失败而对自己失去信心，其实，想成功就一定要记住：别人放弃，我坚持；别人后退，我前进。人不是因为看到了希望才坚持，而是因为坚持到最后才能看到希望，取得成功！

在行动中不仅要坚持，还需要懂得珍惜。

法国著名思想家伏尔泰曾经出过一个谜语：世界上有一种东西，它是最长又是最短的，是最快又是最慢的，是最能分割又是最广大的，是最不受重视又是最值得惋惜的。没有了它，什么事情都做不成；它能使一切渺小的东西归于消灭，使一切伟大的东西生命不绝。这是什么呢？也许你已经猜到，这指的就是时间。时间是组成生命的材料，达尔文曾说过："我从来不认为半小时是微不足道的很小的一段时间。"

一寸光阴一寸金，寸金难买寸光阴，我们只有三天：昨天、今天、明天。昨天已经过去，不会重来，明天还不可知，我们所能做的就是抓住当下这一刻。你珍惜时间，时间对你就有很大的帮助，而再长的时间，你也会觉得如白驹过隙。相反，如果你不珍惜时间，那么再长的时间对你来说也不会有一点用处；再短的时间，你也会觉得度日如年。时间能让面包发霉，时间也能让葡萄酒更加香醇。时间能让努力的人充满智慧和力量，也能让懒惰的人变得迟钝与沮丧。

对于大部分人来说，其实真正属于自己的时间并不多。你每年真正能用来自由支配的时间可能只有两个多月而已。

现在你可以问问自己："我离完成目标的期限还有多少时间呢？"

"我今天的效率高吗？都有什么因素影响？"

"我今天怎样才能专心致志不被打扰呢？"

"我今天对于时间的安排还有需要改进的地方吗？"

"我要怎样才能在这有限的时间里做更多的事情呢？"

珍惜时间，有几个方面：首先要充分利用好零碎的时间；其次，在拜访一个人的时候，要按计划高效率地交谈；还有，要提高学习和工作的效率，为自己节省更多的时间。不仅如此，你还要学会巧妙地排除他人对自己的干扰，每时每刻尽力做有生产力的事（有利于自己进步的事）。总而言之，尽力做一个高尚的人吧：虚度少一点，充实多一点，把吵闹换成友爱，把庸俗换成高雅，把懈怠换成努力，把沮丧换成振奋！

从现在开始一切都不晚，热爱生命，珍惜时间，把剩下的每一天都当成最后一天去对待。明代的大学士文嘉曾写过一首《今日诗》："今日复今日，今日何其少。今日又不为，此事何时了？人生百年几今日，今日不为真可惜！若言姑待明朝至，明朝又有明朝事。为君聊赋今日诗，努力请从今日始！"言简意赅，形象地刻画出了很多拖延不努力的人的形象，所以，每当你浪费时间不行动的时候，就用这首诗来提醒自己吧。

要想行动有收获，还要学会借鉴。

行动如果太低效就和没有行动差不多，那么怎样才能保持行动的高效呢？向成功者借鉴、学习是一个好办法。

历史上有很多成功都是学习借鉴来的。借鉴他人的经验就要先有意识地多接近成功者，让自己在频繁的接触中受到潜移默化的影响。而且你可以照着成功者的样子去做——在你还没有成功的时候，就要像已经成功的人一样去行动，用百折不挠的坚定信念，用活到老学到老的学习态度，用圆润通达的处世风格，用想到就去努力做到的行动方式，甚至是不急不躁的步调，让自己也慢慢成为成功的人。

如果你想在某个领域有很大的成就，就去和这个领域里优秀的人待在一起，向他们学习。他们自信，你也会相信自己；他们勇敢，你也会大胆；他们抓紧时间，你也会分秒必争；他们用处之泰然的态度对待暂时的失败，你也就不会沉溺于暂时失败的痛苦。

失败一定有原因，成功一定有方法。成功是有规律的，谁遵从了成功的规律，谁就会成功。成功人士之所以成功，就是因为他们遵从了成功的规律。成功也要遵循自然规律，你不仅要善于借鉴别人的成功经验，也要在适合自己的基础上有所创新，最终你才能取得成功。

迅速行动是一种很好的习惯，它能帮助你最终取得成功。迅速行动的好习惯，会让你打破恶性循环，克服自己的惰性，让你更快地走向成功。要想形成好的行动习惯，就必须有意识、坚定地巩固一些好的习惯。据科学研究，一个人连续 25 天做同一件事就能形成习惯，坚持 37 天就能获得好的巩固！

在通往理想彼岸的路途中，行动是桥梁，行动是大船，行动是飞机，如果你渴望成功，就应告诉自己：心动不如行动，现在、立刻、马上，行动！

给心灵放个假

幸福不是一个结果，幸福是人的一种感受。你是欢欣鼓舞、轻松快乐，还是孤独苦闷、疲劳不堪，主要由心态来支配。所以，学会给自己的心灵放假是很重要的事情。学会给心灵放假，让你的内心获得平静与喜悦，让你的生活充满快乐与幸福。

每当你感到空虚忧郁时，就应给心灵放个假。在平淡的日子里寻找不平淡的感觉，从没意思的事情中寻求出它的有意思，打破现状，超越寂寞、空虚和内在的贫乏，去体现生活的快乐和意义。

每当你感到失败沮丧时，就给你的心灵放个假吧。不因一时的失败而心灰意冷，用希望打开一条活路。精神是生命的真正支柱，只要精神扛住了，生命之光就会依然闪耀。

每当你感到成功得意时，就给你的心灵放个假吧。头脑要清醒，不盲目乐观，不意气用事，不好大喜功，不满足于现状，保持目光长远、头脑清晰地往前走。

每当你感到苦闷茫然时，就给你的心灵放个假吧。不因奔波、跌倒、无助而抱怨，不因往事而悔恨，不为未来的事情而担忧，不因挫折而失去对生活的信心。打开你的心门，告诉自己让暴风雨来得更猛烈些吧。

每当你感到疲惫不堪时，就给你的心灵放个假吧。生活中不是只有打拼，还要有享受，不要只忙于事业，忙于挣钱，忙得不顾命。要找到忙碌与休息的平衡，找到工作与家庭的平衡。

每当你感到感情淡漠时，就给你的心灵放个假吧。时时用美丽友善的心感悟生命的真谛、人生的多彩、生活的幸福，以及友情的可贵，用爱心去拥抱生活、拥抱自己、拥抱充满爱的生命。

每当你感到不幸降临时，就给你的心灵放个假吧。生命需要锤炼才能饱满厚重，要从容地迎接命运的挑战。办法总比困难多，没有什么过不去的坎儿。

每当你感到生气发怒时，就给你的心灵放个假吧。要尽力克制自己，用冷静浇灭心头的怒火，试着找出建设性的方法解决问题，用宽容对待伤害。生命短暂，不值得为一些小事和不值得的事而消耗自己的精力。

每当你感到恐惧胆怯时，就给你的心灵放个假吧。人生难免会经历风雨，不能害怕压力，不能逃避责任，勇敢地迎上去，战胜困难，你就是自己的国王。

每当你感到执念出现时，就给你的心灵放个假吧。贪得者身富而心贫，知足者身贫而心富，在追求人生的过程当中，淡泊名利，不因痛苦而绝望，也不因快乐而执于一念。

不管你受到的打击是来自情场失意，还是商场失利，你的人生都是多面的，它带给你幸福时的欢畅、顺利时的激动、委屈时的苦闷、挫折时的悲观、选择时的彷徨，这就是人生。人生就是一碗酸、甜、苦、辣、咸五味俱全的汤，你不可能只选择其中的某种滋味，你只能让自己学会品味每种滋味。

人之所以不是行尸走肉，是因为人有精神。我们要适时地给心灵放个假，拥有一副健康的身体，养成一种良好的心态，过着一种从容安适的生活。当你的内心安宁、充实之时，也就是你的人生快乐幸福之时。

稳稳地在自己心灵的港湾停靠片刻。

静静地在自己心灵的驿站享受片刻。

深深地在自己心灵的夜空凝望片刻。

尽情地在自己心灵的牧场潇洒片刻。

给自己的心灵放个假吧。

换个角度，会看到不一样的风景

在这个风云变幻的大时代里，我们快乐并痛苦着，幸福并苦难着，生活并非完全按照我们的意愿走下去，它并不是完美无缺，也有着诸多不尽如人意的地方，有时甚至充满苦闷、失望、悲观、烦躁等消极情绪。人生之路充满曲折，当遭遇坎坷、理想不能实现时，不妨换个角度来看生活。张开心灵的翅膀，飞到不同的角度去体察生活，你会发现更多的风景。

智者曾告诉过我们一个故事。

一个美丽的少妇，在夏天的傍晚投河自尽，被正在河中划船的白胡子艄公救起。艄公问："你年纪轻轻的，为什么这样想不开？"

"我结婚两年了，可是却被丈夫抛弃，我唯一的孩子也生病死去，我活着也没什么意思了。"

艄公听了之后说："那两年前，你是什么样子的？"

少妇说："那时我一个人无忧无虑、自由自在的，每天多开心呀！"

"那时你有丈夫和孩子吗？"

"没有。"

"命运之神让你又回到了两年前，现在你又自由自在、无忧无虑了，你可以上岸继续开心地过好每一天了。"

白胡子艄公的一席话，瞬间点醒了少妇。少妇恍若做了一个梦，她揉了揉眼睛，想了想，便离岸走了。从此，她没有再寻短见，而是回心转意了。少妇换了一个角度看待同一个问题，有了新的看法，也看到了自己生命的新希望。

心态决定一切，苦或甜，开心或难过，全看用怎样的心境去看待。这牵涉到人对于生活的态度，以及对于事物的一种特殊感受。如果你感到痛苦煎熬、伤痛无比，那么你应该努力跳出思维的圈子，换个角度看自己，你就不会为商场失手、情场失意而颓废，也不会为功成名就、赞誉四起而得意忘形。换个角度看待自己，是一种突破、一种解脱、一种超越，能让你开阔心境，从而获得轻松。跳出牛角尖，你会看到一个更宽广的世界。

从前有一对夫妇吵架，妻子气得跑回了娘家，向父亲哭诉。父亲拿来一张白纸，在上面画了一个小黑点，问女儿看到了什么？女儿说看到一个小黑点，父亲叹口气说：你的眼里能看到这么小的黑点，却看不到黑点以外这么大的白纸。对待人和生活也是这样，怎么能看不到优点、发现不了美好呢？

智者对我们说过："我们的痛苦不是问题的本身带来的，而是因我们对这些问题的看法而产生的。"世界上的任何事情都有两面性，好与坏并存，不要只注意黑点而忽略了白纸本身，不论那个黑点有多大。当生活的旅途中遇到不愉快的事情，如果我们换一个角度去思考、去观察，就不难发现，生活展现给我们的并不像我们认为的那么糟糕。思考的时候换一个角度，可能会让你如醍醐灌顶，在绝境中获得重生。感受的时候换一个角度，可能会让你心里豁然开朗，让你发现生活多面的景色。

心态不同会导致你看问题的角度不同，导致你对自己人生的态度也不同。跳出思维定式去面对，以乐观、豁达、体谅的心态来观照自己，认识自己，不苛求自己，你就能超越自己，突破自己。因为人活着就是一棵向上的树，就永远充满希望。令你生气的人已经走得老远了，你却让他住在了你的心里，何必呢？哲人康德说："生气，是用别人的错误惩罚自己。"你不妨换个角度，这时你会认识到，生活的苦、累或开心、舒坦，取决于人的心境，牵涉到人对生活的态度、对事物的感受。当你跳出思维定式，用另一种眼光来看待自己时，你就会从容坦然地面对生活，再也不会拿别人的错误来惩罚自己了。当痛苦汹涌而来，不妨跳出来，换个角度看，勇敢地面对这多舛的人生，在忧伤的瘠土上寻找痛苦的成因、教训及战胜痛苦的方法，让灵魂的歌喉在布满荆棘的丛林中放声，让灵魂的凤凰在成熟的大火中涅槃重生。

跳出思维定式，用另一种眼光看待自己，自己就会在平凡的日子中获得快乐，"天天都是好日子"，内心豁然开朗、柳暗花明。

从前，有位老妈妈有两个女儿，大女儿家里是卖伞的，二女儿家里是开染坊的。这使这位母亲天天忧愁。天晴了，她担心大女儿的伞卖不出去；天阴了，她又忧伤二女儿染坊里的衣服晾不干。她这样每天忧思伤神，没过多久头发就全白了。

一天，一位远方亲友来看她，惊讶于她的衰老，问其缘由，不觉好笑，那亲友说："阴天的时候你大女儿的伞卖得好，你应该高高兴兴；晴天时你二女儿的染坊生意更好，你也应该高高兴兴。这样你每天都有快乐的事，天天是好日子，为什么你还要每天发愁呢?"老妈妈换个角度一想："确实是这样啊!"从此，她便开始开开心心、幸福地生活下去了。

人的一生，难免会有挫折与彷徨，或因遇到不快而生气，或因遇到天灾人祸而痛苦。当你遇到这些的时候就要学会换个角度去看问题，发现生活的另一道风景，重新开始美好的人生。

第八章

和快乐做朋友

　　人生短暂，"譬如朝露，去日苦多"，因为人们总是不懂得放飞心情，丢弃苦恼，用心去感受生活。在生活中，一个人不管遇到多少苦恼事，总会有快乐相伴，这需要你用一双慧眼去寻找、去发现、去品味生活中最精彩的部分。一个人要有把握自己的能力，能调节自己的心理和情绪，把烦恼赶走，让每天都能拥有开心和快乐。

快乐由心生

快乐是一种发自内心的感受，人生苦短，又何必作茧自缚？无论何事，只要用心去做，努力过，奋斗过，就不用去管结局是好是坏。

生命之路就像心电图，总是曲曲折折，如果一帆风顺反而说明你"挂"了。你要有一个好的态度面对人生。在忧郁的日子里，把过去的悲伤和不幸从记忆中筛掉，卸下压在身上的包袱，忘记那些应该忘记的，记住那些应该记住的，然后轻装上阵。在浮躁的环境中，你要心静如止水，在宁静中感受快乐，用乐观来浇灌精神之树，它在突然而来的不幸面前会带给你以力量和信心。以一颗平静的心去面对一切，你在战胜困难与失望的路上就已经成功了一半。快乐是一种积极的人生态度，让你笑对人生，快乐生活。

人生是一场体验的旅程。结束后，什么都不能留下，包括人们十分看重的名誉、地位、财富。每个人的心灵深处都有着不为人知的伤痛，每个人的心灵深处又都掩藏着一把通往快乐之门的钥匙。智者曾经告诉过我们，生活就像一面镜子，你对它笑，它就对你笑，你对它哭，它就对你哭。

那些不快乐的人都是不愿意快乐的人，他们总是不厌其烦地重复着自己的不幸和烦恼，他们似乎没有快乐。而事实上，并不是快乐女神不去找他们，只是他们一直都发现不了快乐女神就在身边。

有人因为自己不够身强体壮而不开心，有人说自己工作太辛苦、劳心劳力没意思；有人为自己文凭不高、身材不好而自卑不已。有人踩着单车与别人的小汽车比，怨气冲天……但假如同样的情况换到一个有着快乐思维的人身上，他会为自己因为身体弱得到了比别人更多的照顾而感恩，少了一些争强好胜，多了一分休养生息；他也许会说矮个子更聪明能干，不易引人注目；他还会说自行车能在交通拥挤的城市中自由穿梭，是不污染环境的"绿色交通"……不是快乐女神对快乐的人有特别的宠爱，而是他总是能从小处见到大乐，从失败中看到教训，在绝望处看到转机，从曲折中得到磨炼，从委屈中收获宽容与大度。贫困时随缘，富贵时知足，位高时谦虚谨慎，位卑时自强不息……只要你真想快乐，生活就像三毛所说的那样"什么都快乐"。

三毛有一次回到家里，在储藏室里乱翻一通，竟然发现小时候的玻璃动物玩具全都好好的，又想想自己，已经成年，身体健康，这是多么让人开心的事呀！

快乐跟环境的关系并不大，跟你的物质条件关系也不大，快乐与否都是由你自己的态度所决定的，可谓是"心生则万法皆生"。"乐不在外而在心。心以为乐，则是境皆乐；心以为苦，则无境不苦。"从心理学的角度来看，快乐的感受决定了人的认知方式。无知的人总认为是环境和别人造成了自己的痛苦，而事实上，人生一世不可能事事如意、人人皆友，你不可能想要发财就发财、想出国就出国、想身材高大漂亮就会如愿以偿。愿望受阻、情绪受压，这是生活中常有的事情，而这样我们是否就没有快乐了呢？非也，如果你能早早理解这些道理，就会早早地开始学会寻找通往快乐之路的钥匙。

清朝有本书《闲情偶寄》专门记录并总结了各种寻找快乐的方法，作者李渔不但写了贵人行乐之法，富人行乐之法，也写了贫贱行乐之法，家庭行乐之法，随时即景就事行乐之法，道途行乐之法，春、夏、秋、冬行乐之法等，是世界上对快乐之法研究最全面的人，而金圣叹作《三十三不亦快哉》则开了从平凡生活中寻找快乐之先河。如果人们都能学会李渔和金圣叹教的快乐方法，那世界上应该就不会再有任何烦恼了。

幽默一点儿

现代社会的人际关系本已非常复杂，可还是有很多人成天以一副冷面孔对人，不是"九点十五分"的扑克脸，就是"七点二十五分"的苦瓜脸，幽默对于这样的人，以及需要与这些人打交道的人都是一件非常重要的事。

日本的福田健先生是公认的人际沟通大师，他曾提出过一个生活实验报告：《笑容可以招来笑容》。里面写道，当我们以笑面对别人时，别人也会以笑回报，笑容像个病毒，病毒会传染，但是人人都愿意染上快乐的病毒，因为这种病毒对人没有坏处，反而让人感觉舒服和快乐。

幽默是情绪的一种表现，只是较其他情绪稍特殊而已。它是人们适应环境的工具，是人类面临困境时减轻精神和心理压力的方法之一。俄国文学家契诃夫曾说过：不懂得开玩笑的人是没有希望的人。因此，在生活中幽默地对待自己和他人对我们每个人来说都是非常重要的。离开气急败坏，扔掉偏执极端，和你死我活说再见，从此和幽默感幸福地生活在一起。

幽默能减轻人的沮丧和痛苦，让人从消极转为积极。具有幽默感的人，生活中充满了情趣，许多看来令人痛苦烦恼之事他们却应付得轻松自如。用幽默来处理烦恼与矛盾，会使人感到和谐愉快。现在我们来学习一下怎样获得强大的幽默感。

你要领悟到幽默的本质，幽默的人总是会在微笑中肯定或否定别人，幽默的人能机智而又敏捷地指出别人的缺点或优点。幽默不是油腔滑调，也不是嘲笑或讽刺。正如有位名人所说，浮躁难以幽默，装腔作势难以幽默，钻牛角尖难以幽默，捉襟见肘难以幽默，迟钝笨拙难以幽默，只有尊重理解他人、超然从容对待生活、聪明灵活机智的人，才会懂得如何幽默。

幽默是一种智慧，需要有丰富的知识作为支撑，你要有非常广阔的知识面。一个人只有具备审时度势的能力、广博的知识，才能做到谈资丰富、妙言成趣，从而做出恰当的比喻来。所以，想要拥有幽默感，你要喜欢读书、善于学习，学海无涯，幽默为舟，从无尽的书中，从无数的名人趣事中，逐渐培养自己的幽默感。

你要有宽广的胸怀，提高自己的情操，建立乐观积极的人生态度。要善于体谅他人。要使自己学会幽默，就要学会雍容大度、克服斤斤计较，同时还要乐观。乐观与幽默总是形影不离，生活中如果多一点趣味和轻松，多一点笑容和游戏，多一份乐观与幽默，就没有什么困难是无法战胜的，也不会再有人每天忧愁，痛苦不堪了。

你要让自己成为一个机智敏捷的人，提高自己分析判断的能力和洞察力，以提高自己的幽默感。只有迅速地捕捉事物的本质，述之以恰当的比喻、诙谐的语言，才能使人们产生轻松的感觉。当然，在幽默的同时还应注意，重大的原则总是不能马虎，应区别对待不同的问题，灵活而不失原则永远都是处理问题的最佳法则；应成为一个幽默而不庸俗的人，让幽默真正地融入你的灵魂并且升华你的灵魂。

有强大幽默感的人更容易交到朋友，因为他们总能给身边的朋友和自己的生活带去许多快乐。有人说，幽默感是天生的，自己从一出生就没有幽默感。但是，事实上，幽默感是可以培养的。幽默可以从以下三个方面加以培养：

1. 广泛的阅读。

文学修养高的人往往更容易幽默，只有博览群书，有着良好的文化底蕴，才能在适当的时刻引用一些名人名言来营造氛围。并且，拥有良好的文化修养，你才不会把低俗当幽默，或者讲笑话不分人群不分场合，造成适得其反的效果。

2. 出众的语言表达能力。

幽默需要有恰到好处的语言来展现，当然，有时表达不当也能产生幽默的效果，但那似乎只是个例。没有好的语言表达能力，会让你想到却说不出，或者词不达意，最终达不到想要的效果。

3. 乐观的积极态度。

大部分幽默的人更擅长自嘲，对此，那种过于自负的人是无法理解的。有时我们不必太注重所谓的形象，只有当你被别人所喜欢时，你的形象才能在别人心中高尚起来，否则即使拥有英俊的外表和有气质的谈吐也无法让人喜欢上你。

幸福的味道要自己去品尝

幸福是一种心态，需要你用心领悟，需要你努力争取。

别人可以告诉你这道美食的美味之处，但无法代替你感受这道美食，你终究要依靠自己走完人生的道路，争取属于自己的成功。

不要懊恼自己错过的东西。你错过的人和事，别人才有机会遇见。别人错过了，你才有机会拥有。人人都会错过，人人都曾经错过，真正属于你的，总会在兜兜转转中再次回到你的身边。

这世上没有什么东西可以一劳永逸，也没有什么境况无法拯救。在人生中，你需要把握的是：该开始的，要义无反顾地开始；该结束的，就要干净利落地结束。

信任就是你把一个一岁小孩抛向天空时他对你的微笑，因为他知道你会接住他。

年少时不去想飞蛾扑火的恋爱；年纪大了惊觉再不恋爱就晚了，豁出去想来一次扑火，结果发现现在连蜡烛都过时了，已经到了使用电灯泡的时代。

这个世界有三件事能让我们真正快乐：向往的事业，爱的人，还有希望。

小时了了，大未必佳，少年得志，其实很可能是人生的不幸。从内部来说，它会使你恃才傲物并阻碍你成才；从外部来说，则容易使你遭人嫉妒而成为众矢之的。

世界很小，小到一转身就不知道会遇见谁；世界又很大，大到一转身就不知道谁会消失。

有的人，每天和你争吵，却从来没有真正怪罪过你；有的人，甚至不给你争吵的机会，就已经消失在人海。你这才明白，宁愿去争吵也不愿意被冷漠对待。

幸福就是，你终于在茫茫人海中找到了一个你愿意为之减肥的人，他却总是担心你饿着而希望你多吃点。

窗子和镜子都是玻璃做的，镜子只是多了一层薄薄的水银就让你只看到自己而看不到世界了。

爱情与浪漫就好比白米饭与桌上的菜。人饿时，会想着吃饭。但吃完后，更多人喜欢评论菜好不好吃，却没有好好品味白米饭的味道。

幸福就是痒的时候能挠挠，不幸就是痒了却挠不着。可是麻木的人早就感觉不到灵魂和肉体的那种痒了。

小时候，幸福是一件东西，拥有了就幸福；长大后，幸福是一个目标，达到了就幸福；成熟后，发现幸福原来是一种心态，领悟了就幸福。

人生就像是比赛，上半生比学历、权力、职位、业绩、薪金谁的高；下半场比血压、血脂、血糖、尿酸、胆固醇谁的低。上半场顺势而为，听命；下半场事在人为，认命。希望大家上下兼顾，两场都要赢。不要等到生病了再去体检，不要等到口渴了再去喝水，不要因为心烦就想不通，不要因为有理就不饶人。

幸福就像是掉到沙发下面的一粒纽扣。你专心找，怎么也找不到，可是不经意的某一天，它自己就出来了。

学业、事业、婚姻、家庭就像组成一个水桶的四块木板。任何一块太短了，这个水桶都不能盛太多水。

你痛苦，不是因为事情本身，而是因为你对这件事情的态度。

青春是打开了就合不上的书，人生是踏上了就回不了头的路，爱情是给了就收不回的赌注。

交往的最好境界是君子之交淡如水，而最好的结局莫过于相忘于江湖。如果相互感恩或牵挂，就说明彼此有亏欠，或者有做得不够好的地方。

　　别人可以替你做事，但不能替你感受。人生的路要靠自己行走，成功要靠自己去争取。自助者，天恒助之。

　　你永远没有必要去羡慕别人的生活，即使那个人看起来快乐富足；也永远没有资格去评价别人是否幸福，即使那个人看起来孤独无助。幸福如人饮水，冷暖自知。不要去打扰别人的幸福。

　　而你，一定要勇于追求自己的幸福——属于你的幸福。

培养自己的兴趣

有人说：每个女人活在世上，一定要有别人拿不走的东西。换句话说就是，要有自己的兴趣和爱好，女人要活得精彩，精彩到让自己的双脚能坚实地立于大地。

一位女歌手发过一条微博说，7岁的时候，她曾随着祖母去学钢琴。她仰头问："我为什么学钢琴？"祖母告诉她："学了钢琴，长大了可以相夫教子。如果有一天你老公不要你了，你还可以有一技之长养活自己和小孩。"她说，我那时连男人是什么样子都不知道，就已经知道他有一天可能会离开我。不管你愿意不愿意，假如有一天你不得不独自一个人生活，那时候，你就会感谢自己的兴趣，感谢还有琴声化解你的忧伤。

望子成龙，望女成凤，很多父母都会把自己没能实现的理想寄托在自己的孩子身上，在学校里孩子们又会被老师去除棱角。在这种家庭和学校教育的大环境下，很多孩子失去了了解自己的兴趣爱好以及选择自己想要的生活的权利。有不少人一直到自己要选择工作的时候对自己的兴趣爱好都不知晓，还有一部分人虽然在自己现有的工作岗位上取得了不错的成绩，却还是要忍受自己根本不爱这份工作所带来的情绪挫折。"前半辈子为成绩，后半辈子为房子"，这短短的两句话，让人深深地同情在这种环境下成长起来的孩子。

好在现在已经有越来越多的家长和老师开始把注意力放到孩子的自我探索上，自我探索也就是从发现自我的兴趣爱好着手。

一个有着自己兴趣的人非常幸运，如果能把兴趣爱好与事业相结合，那将是世界上最幸福的事。对于大多数人而言，将兴趣爱好与事业相结合大概比较奢侈，但是你要有属于自己的一片乐土，体育运动、舞蹈音乐、看书旅游，总有一样能使你感到轻松和快乐，能让你走出痛苦、走出压抑，能让你看到生活希望的光芒。

下面这几条能帮助你培养自己的兴趣。

1. 认真思考自己喜欢什么，什么能让自己感到美。

每个人都会有自己喜欢的东西。那是一种让你觉得很美的东西，比如美的油画、美的书法、美的音乐、美的衣服……爱好不必那么多，培养出一两个就好。比如摄影，一直坚持下去，因为爱好和梦想一样，都是值得你去守护和捍卫的东西。

2. 抽丝剥茧地找到自己的兴趣。

在自己不断接触的信息中进行过滤，慢慢沉淀一件件事情，那些能够留下的便是你的兴趣。当有一件事情，能让你做起来很兴奋，能带给你成就感，即使不给你钱，你也心甘情愿地去做，而且做得很开心、很用心时，那不用说，它就是你真正的兴趣了。

3. 把自己的心态放平。

有个问题你要想明白：自己的出发点是什么？自己的兴趣爱好不是为了炫耀，不是为了耍酷出风头。如果你的动机是这些东西，或许在刚开始的时候你会觉得有些新鲜、有些好奇，但很难持续下去。只有你真正喜欢，并且发自内心感觉到其意义和价值，你才能长久地爱好下去。

4. 你在这方面比其他人多一点天赋。

无论是对于某个物品还是某件事情，如果自己不喜欢的话就没必要苦苦地去追求，否则你付出再多，还是会付诸东流。要有些天分，是发自内心的喜欢。假如自己没多少兴趣，即使看上去你干得不错，它也只会给你带来痛苦和折磨，这样做只是在伤害自己！

5. 认真思考自己从兴趣中得到的享受。

喜欢读书或画画的人，不仅愉悦身心，还能创造出艺术的美供大家欣赏。这种美感和成就感，会激发出自己更加浓厚的兴趣。以研究厨艺为乐的人，不仅可以凭厨艺安身立命，还能给大家献上一道道美味的饭菜，让别人在品尝到各种美食的同时，自己也能获得成就感和荣誉感，这让人多么开心呀！

6. 要从现在开始，热爱生活。

兴趣爱好是比较广泛的范畴，比如经营爱情、学会下厨、写剧本、做手工……如果你热爱生命、热爱生活，那么总能挑选出自己喜欢的东西。

快乐是自己的选择

阿桑有过这样一首歌：谁说的，人非要快乐不可，好像快乐，由得人选择。也许有人会问："快乐真的是可以自己选择的吗？"答案是肯定的。快乐是可以自己选择的。

很多人很多事都可以让你感到快乐。和心爱的人待在一起会带来快乐，朋友相聚会带来快乐，一家人团团圆圆会带来快乐，事业顺利会带来快乐，身体健康也会带来快乐……可是当我们离开这些东西时，我们会感觉到不快乐，所以我们总觉得快乐不是由自己决定的，我们总是想快乐而不得。

可是，生活不是考卷，我们的人生也不是简单的是非题。生活本来就不是简单的非此即彼，快不快乐都是自己的心情。如果爱人无法陪伴在身旁，你可以选择痛苦地思念或是享受独处的自由空间；如果朋友最近都比较忙，你可以选择无所事事或是专注于自己的事业；如果家人之间闹了一点小小的矛盾，你可以选择听之任之或是用心弥补；如果事业暂时陷入了低谷，你可以选择一蹶不振或是越战越勇；如果身体突然不舒服了，你可以选择悲伤地哭泣或是平静地微笑。在生活中，有很多很多类似这样的选择，你可以在这些无数的小选择中汇聚出一条走向快乐的大河。

走得远了，就暂时慢下脚步，认真想想以前的所作所为，是不是在不经意间放大了很多悲伤，却缩小了许多快乐的时刻呢？很多人都曾因为一些小事而为自己的生活悲伤，但也正是这些让我们更深刻地相信：

快乐是可以自己选择的！

过去的都已经过去了，未来的又无法预测，所以何不选择用一种快乐的生活方式来面对现在？虽然不一定能顺利，却还是要告诉自己尽量用一种快乐的心情去打败所有不开心的事！

每个人对快乐都有着自己的不同见解，有的人说快乐是一种满足，有的人说快乐是一种刺激，还有的人说快乐是财富、成功、鲜花和荣誉……事实上，快乐是你的态度、你的心境，是你的正确选择。

一个单位分房子，有两个资历差不多的同事，一个比较健壮一个比较虚弱，都分到了八楼，因为没有电梯，孩子又小，生活多有不便，而有的比他们资历差的却分到了三四层。其中身体健壮的同事感觉心里特别不平衡，不但拿老婆孩子出气，还经常到单位领导那里大吵大闹，搞得上下级关系很紧张，也把自己气得大病一场，让本来不大的事有了更加糟糕的结果；而那位身体比较弱的同事心态却很好，不但不抱怨，还把爬楼梯当成了锻炼身体的好机会，不但自己爬，还带着刚会走路的孩子每天练习爬楼梯，结果不仅自己的身体好了，小孩的身体也健壮了，这件事在他这里反倒成为一件好事。两个人不同的态度导致了两个完全相反的结局。

在生活中，快乐和痛苦总是形影不离地找到我们，好像是专门要看看我们怎么选择。你选择了痛苦必定拥有痛苦，你选择了快乐就会拥有快乐。不过，想要做出正确的选择也不是一件非常容易的事，这和一个人的性格、阅历及境界有着很大关系。一般来讲，性格越开朗、阅历越丰富、境界越高远的人快乐也越多。但是，怎样做出正确的选择还是有据可循的。

1. 消除妒忌。

一个人有了妒忌心，就像被人下了毒药，心里总会充满怨恨、愤怒，痛苦万分，无法自拔。在生活中有些妒忌心很强的人，在外貌上受不了别人比自己漂亮，在工作中容不得别人比自己干得出色，甚至妒忌别人比自己穿得好、比自己吃得好、比自己过得好……不要妒忌别人，整天和别人攀比，看到比自己好的又受不了，连说话都冷嘲热讽，这是典型的损人不利己行为。

2. 宽容别人。

心胸狭隘的人，总是记得别人无意中的伤害，能记恨好多年，而别人对他的好却总是忘得干干净净，所以总是无法原谅别人。正如一篇文章中说的，有的人心里专门收集垃圾，把多少年来人们丢给他的垃圾都积攒着，不但阴暗而且肮脏，这样怎么会有好的心情呢? 一个不能宽容别人的人，最终受伤最大的其实还是他自己。所以，应学会宽容别人，哪怕这个人曾经伤害过自己，因为选择宽容就选择了快乐。

3. 顺其自然。

不要因意外而郁闷，就好像周末想逛街，天却突然下起了大雨，这时把门窗关好，沏上一壶好茶，一边静静听着雨声，一边细细品着香茶，应该是个不错的选择。因为抱怨也无法改变天气，反而会破坏你的心情，所以不如顺其自然，接受天气的变化，自己也做出相应的改变。

4. 把握现在。

《泰坦尼克号》中有这样一句话:把握现在，让生命的每一天都在快乐中度过。快乐其实就在身边，关键是该如何去把握。有的人总把快乐寄托于未来，整日忙忙碌碌，无暇享受生活的快乐——努力考大学，考上大学又赶着完成学业，毕业了又想着找到好工作后再找快乐;有了工作想成家，想有了美好的家庭再找快乐;有了家庭又想培养孩子，想等孩子长大成人了再找自己的快乐……结果等到白了少年头，还是没有找到真正的快乐。

每个人都向往快乐的生活，都希望做快乐的自己，所以要学会做出正确的选择，让生命闪耀着快乐的光辉。

带上微笑出发

微笑就像是冬天的一缕阳光，温暖着人的心灵；微笑如一滴甘露，滋润着人们的心田；微笑如雨后的彩虹，在天边打上一个美丽的蝴蝶结。带着微笑出发，感受生活中美好的一切。把嘴角轻轻上扬45度，划出一道美丽的弧线，那是什么？那是微笑，微笑就是快乐的名片。

微笑是坚强，带着微笑出发。从哪里失败，就要从哪里站起来，重新奔跑，重新飞翔；从哪里跌倒，就要从哪里爬起来，坚强，不屈服！

微笑是自信，带着微笑出发。当遇到困难的时候嘴角轻轻上扬，说声："微笑是自信，我不怕困难！"用微笑面对一切，自信，乐观！

微笑是感恩，带着微笑出发。在面对母亲的时候，带着感恩的微笑说："亲爱的母亲，谢谢你的无微关爱，我爱你！"在面对老师的时候，带着感恩的微笑说："殷勤的老师，谢谢你的深深教诲，你辛苦了！"在面对同学的时候，带着感恩的微笑说："亲爱的同学，谢谢你的帮助，我们是好兄弟！"用微笑感悟生活，感动，感恩！

微笑是无私，带着微笑出发。车棚中的车倒了一大片，看到这样的情景，只是一个淡淡的微笑，走进车棚，一辆一辆地把车子扶起来，望着整齐的车辆，依然只是一个淡淡的微笑。微笑着做每一件事，无私，付出！

微笑是和谐，带着微笑出发。"呀，对不起，我踩到你的脚了。""没事。"一段简短的对话，两个标准的微笑相遇，一个稍微带点歉意，一个满是宽容。微笑待人，和谐，宽容！

　　母亲引导儿子要学会微笑，把微笑带向生活，她的嘴角轻轻上扬："儿子，人生路上，常常会有失意和得意陪伴左右，但你得用微笑去面对，和困难说再见。笑对人生吧，你会感觉到非常美好，知道吗？"说完又是一个微笑。儿子也微笑着应对："知道了妈妈，生活会因微笑而变得更加灿烂。"

　　让我们微笑着面对生活吧。向朝阳露出一个微笑，让它的光辉带着你的微笑出发，洒满世界的每一个地方！

　　老师教诲学生要懂得微笑，把微笑带入学习。她的嘴角轻轻上扬，依旧是那个美丽的微笑："大家要笑对学习，因为微笑是一支振作剂，它可以缓解你学习上的压力；微笑是一支兴奋剂，它可以让你在学习的道路上正视前方，努力奔跑；微笑是一支止疼剂，它可以把你心灵中因为考试失利而产生的伤痛抚平。微笑能使你在学习上产生动力，不断奔跑，飞翔，冲刺！"让我们微笑着面对学习吧，向大海露出一个微笑，让浪花推动着你的微笑出发，涌动至下一个港湾！

　　朋友也说要时时刻刻保持微笑，把微笑带进友谊。他的嘴角轻轻上扬，和相识时一样灿烂："我们做朋友几年了，你一直都没有记住时刻保持微笑，来，像我一样，笑一个。"让我们笑对友谊吧，向大地露出一个微笑，让轻风把微笑捎上，把微笑吹拂至四面八方，把朋友的心温暖！

　　微笑，带上它一起出发，就会多出一份自信、多出一份力量；微笑，带上它一起出发，就会多出一份感动、多出一份感恩；微笑，带上它一起出发，就会多出一份坚强、多出一份拼搏。带上微笑一起出发吧，你旅途中最好的伙伴就是微笑！